新型职业农民培训 系列教材

花卉栽培实用技术

刘桂芹　李振合　主编

中国农业科学技术出版社

图书在版编目（CIP）数据

花卉栽培实用技术 / 刘桂芹，李振合主编 . —北京：中国农业科学技术出版社，2014. 6（2025.4重印）
（新型职业农民培训系列教材）
ISBN 978 - 7 - 5116 - 1664 - 7

Ⅰ. ①花… Ⅱ. ①刘…②李… Ⅲ. ①花卉 - 观赏园艺 - 技术培训 - 教材 Ⅳ. ①S68

中国版本图书馆 CIP 数据核字（2014）第 113678 号

责任编辑 徐 毅 张志花
责任校对 贾晓红

出 版 者 中国农业科学技术出版社
北京市中关村南大街 12 号 邮编：100081
电 话 (010)82106636(编辑室) (010)82109702(发行部)
(010)82109709(读者服务部)
传 真 (010)82106631
网 址 http://www.castp.cn
经 销 者 各地新华书店
印 刷 者 北京捷迅佳彩印刷有限公司
开 本 850mm ×1168mm 1/32
印 张 8. 875
字 数 230 千字
版 次 2014 年 6 月第 1 版 2025 年 4 月第 15 次印刷
定 价 26. 00 元

新型职业农民培训系列教材

《花卉栽培实用技术》

编　委　会

主　任　闫树军

副主任　张长江　卢文生　石高升

主　编　刘桂芹　李振合

副主编　方金华　任中兴　张燕营

编　者　赵　娜　杨彦玲　赵春莉

曹素卿　董建国　索　鹏

张鹏宇　胡江川　李杏芬

序

我国正处在传统农业向现代农业转化的关键时期，大量先进的农业科学技术、农业设施装备、现代化经营理念越来越多地被引入到农业生产的各个领域，迫切需要高素质的职业农民。为了提高农民的科学文化素质，培养一批“懂技术、会种地、能经营”的真正的新型职业农民，为农业发展提供技术支撑，我们组织专家编写了这套《新型职业农民培训系列教材》丛书。

本套丛书的作者均是活跃在农业生产一线的专家和技术骨干，围绕大力培育新型职业农民，把多年的实践经验总结提炼出来，以满足农民朋友生产中的需求。图书重点介绍了各个产业的成熟技术、有推广前景的新技术及新型职业农民必备的基础知识。书中语言通俗易懂，技术深入浅出，实用性强，适合广大农民朋友、基层农技人员学习参考。

《新型职业农民培训系列教材》的出版发行，为农业图书家族增添了新成员，为农民朋友带来了丰富的精神食粮，我们也期待这套丛书中的先进实用技术得到最大范围的推广和应用，为新型职业农民的素质提升起到积极的促进作用。

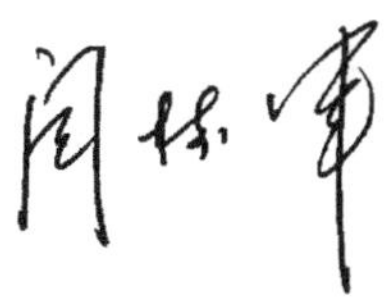

2014 年 5 月

前　言

近些年来，随着国民经济的持续健康发展和人民生活水平的不断提高，人们对环境的绿化、美化、彩化、香化的要求和标准越来越高。花卉产业迅猛发展，已成为一项新兴的朝阳产业，因此，对花卉的实用型、应用型人才需求不断增长。针对这一状况，我们组织从事花卉生产、教学工作多年的技术人员，编写了《花卉栽培实用技术》一书，旨在让基层从事花卉工作的技术人员、种植合作社和新型职业农民能系统地学习和掌握花卉基础知识，掌握常见花卉的栽培管理要点以及在园林中的正确使用。为此，本教材在编写过程中，力求内容充实、技术实用、语言通俗易懂。一方面贴近花卉产业发展的现状，以花卉的观赏栽培、园林应用为核心；另一方面突出新型职业农民特点，注重实际操作和应用，以提高农村劳动力素质和就业技能，实现稳定就业和增加农民收入。

《花卉栽培实用技术》一书共七章，主要介绍了环境对花卉生长的影响、花卉栽培设施、培育优质花卉植物、无土栽培技术、温室花卉植物栽培与管理、花卉的应用及病虫害防治技术。适合农村科技培训人员使用，也可作为基层农技人员从事花卉生产的参考书。

本书在编写过程中参考并引用了有关专家的部分文字资料，在此表示衷心感谢。

由于编者水平有限，错误和不足之处在所难免，敬请广大读者批评指正。

编　者

2014 年 5 月

目　　录

第一章　环境条件对花卉生长的影响 …………………………（1）
　第一节　温度 ……………………………………………（1）
　第二节　水分 ……………………………………………（3）
　第三节　光照 ……………………………………………（4）
　第四节　土壤 ……………………………………………（6）
　第五节　其他 ……………………………………………（9）
第二章　栽培设施 …………………………………………（14）
　第一节　栽培设施的种类 ………………………………（14）
　第二节　温室设备及环境调控 …………………………（22）
第三章　培育优质花卉植物 ………………………………（37）
　第一节　播种繁殖 ………………………………………（37）
　第二节　扦插与压条繁殖 ………………………………（48）
　第三节　嫁接繁殖 ………………………………………（62）
　第四节　分生繁殖 ………………………………………（73）
　第五节　露地花卉栽培管理 ……………………………（81）
第四章　无土栽培技术 ……………………………………（98）
　第一节　基质栽培 ………………………………………（100）
　第二节　营养液栽培 ……………………………………（102）
第五章　温室花卉植物栽培与管理 ………………………（109）
　第一节　草本植物栽培技术 ……………………………（109）
　第二节　蕨类植物栽培技术 ……………………………（121）
　第三节　兰科植物栽培技术 ……………………………（131）

第四节　四大鲜切花生长技术 …………………… (148)
第五节　花期调控 …………………………………… (181)
第六章　花卉的应用 …………………………………… (187)
第一节　花坛 ……………………………………… (187)
第二节　组合盆栽 …………………………………… (204)
第七章　花卉植物病虫害防治技术 ………………… (217)
第一节　病害防治技术 ……………………………… (217)
第二节　虫害防治技术 ……………………………… (248)
参考文献 ……………………………………………… (273)

第一章　环境条件对花卉生长的影响

第一节　温　　度

一、花卉对温度的要求

温度是影响花卉生长发育的重要因子，每一种花卉的生长发育都有温度的“三基点”，即：最低温度、最适温度和最高温度。由于花卉原产地气候条件不同，不同花卉温度“三基点”有很大差异。如原产热带的一些花卉种类在日平均温度18℃以上才开始生长，原产亚热带地区的花卉在15~16℃开始生长，而原产温带地区的花卉在10℃甚至更低就开始生长。这里所说的最适温度，是指在这个温度下，花卉不仅生长快，而且生长健壮、不徒长。一般来说，花卉的最适生长温度为25℃左右，在最低温度到最适温度范围内，随着温度升高生长加快，而当超过最适温度后，随着温度升高生长速度反而下降。最高温度是指花卉生长的上限温度，若超过上限温度，花卉的生理功能就会遭到破坏，生长停止，严重时植株死亡。

二、温度对花卉生长发育的影响

（一）温度与生长

温度影响各种花卉生长发育的不同阶段和时期。一年生花卉，种子萌发需在较高温度下进行，而幼苗期要求温度较低，以后随着植株的生长发育，对温度的要求逐渐提高。二年生花卉，种子萌发在较低温度下进行，幼苗期要求温度更低，以利于通过春化阶段，开花结实时，则要求稍高的温度。栽培中为使花卉生长迅速，还需要一定的昼夜温差，一般热带植物的昼夜温差为3~6℃，温带植物为5~7℃，而仙人掌类则为10℃以上。昼夜温差也有一定范围，并非越大越好，否则对植物的生长不利。

（二）极端温度对花卉的伤害

花卉在生长发育过程中，突然的高温或低温，会打乱其体内正常的生理生化过程而造成伤害，严重时会导致死亡。

常见的低温伤害有寒害和冻害。寒害又称冷害，指0℃以上的低温对植物造成的伤害，多发生在原产热带和亚热带南部地区喜温的花卉上。冻害是指0℃以下的低温对植物造成的伤害。不同植物对低温的抵抗力不同，同一植物在不同的生长发育时期，对低温的忍受能力也有很大差别：休眠种子的抗寒力最强，休眠植株的抗寒力也较强，而生长中的植株抗寒能力明显下降。经过秋季和初冬冷凉气候的锻炼，可以增强植株忍受低温的能力。因此，植株的耐寒力除了与本身遗传基因有关外，在一定程度上是在外界环境条件作用下获得的。增强花卉耐寒力是一项重要工作，在温室或温床中培育的盆花或幼苗，在移植到露地前，必须加强通风，逐渐降温以提高其对低温的抵抗能力。增加磷钾肥，减少氮肥的施用，是增强抗寒力的栽培措施之一。常用的简单防寒措施是于地面覆盖秸秆、落叶、塑料薄膜、设置风障等。

高温同样可以对植物造成伤害，当温度超过植物生长的最适温度时，植物生长速度反而下降，如继续升高，则植株生长不良甚至死亡。一般当气温达35~40℃时很多植物生长缓慢甚至停滞，当气温高达45~50℃时除少数原产热带干旱地区的多浆植物外，绝大多数植物会死亡。为防止高温对植物的伤害，应经常保持土壤湿润，以促进蒸腾作用的进行，使植物体温降低。在栽培过程中常采取灌溉、松土、叶面喷水、设置荫棚等措施以免除或降低高温对植物的伤害。

第二节　水　　分

水是植物体的重要组成部分，植物体的一切生命活动都是在水的参与下进行的，如光合作用、呼吸作用、蒸腾作用、矿质元素的吸收、运转与合成等。

一、花卉对水分的要求

植物种类不同，需水量差异很大，这与不同植物原产地的雨量及分布状况不同有关。通常依据花卉对水分的要求不同分为旱生花卉、湿生花卉、中生花卉、水生花卉四大类。

（一）旱生花卉

指能长期忍受干旱而生长发育良好的花卉类型。本类花卉原产于雨量稀少的荒漠地区和干燥的草原上。常见的如仙人掌、仙人球、石生花、芦荟等。在栽培时，浇水原则是宁干勿湿。

（二）湿生花卉

该类花卉耐旱性弱，需要生长在土壤水分比较充足的环境中，在干旱或中等湿度环境下生长不良或枯死。如一些热带兰、蕨类、凤梨科、天南星科、秋海棠类、湿生鸢尾类等花卉。浇水应掌握“宁湿勿干”原则，经常保持盆土湿润状态，但不能积水，否则易引起烂根。

（三）中生花卉

这类花卉适于生长在干湿适中的环境中，对水分要求介于旱生花卉与湿生花卉之间。有些种类偏向于旱生植物特征，喜中性偏干燥环境；有些种类偏向于湿生植物特征，喜中性偏湿环境。绝大部分露地花卉属于此类。这类花卉水分管理应掌握“见干见湿，浇则浇透”原则。“见干见湿”是指浇过一次水后，等到土面发白、表土土壤干了时，就要再浇第二次水，不能等盆土干了再浇水。“浇则浇透”是指每次浇水时都要浇透，即到盆底排水孔有水渗出为止，不能浇“半截水”(上湿下干)。

(四) 水生花卉

水生花卉是指常年生活在水中或在其生命周期内某段时间生活在水中的花卉。水生花卉的植物体全部或大部分浸没在水中，如荷花、睡莲、王莲等。

二、花卉在不同生长阶段对水分的要求

同种花卉在不同生长阶段对水分的需要量不同。种子发芽时，需要较多水分，这样有利于胚根抽出。幼苗期根系弱小，在土壤中分布较浅，抗旱力极弱，必须经常保持土壤湿润。成长期植株抗旱能力虽有所增强，但若要生长旺盛，必须给予适当水分。花卉在生长过程中，一般要求较高的空气湿度，但湿度太大往往会导致植株徒长。开花结实时要求空气湿度相对较小，否则会影响开花和受精。种子成熟时，要求空气比较干燥。

第三节 光　照

一、光照强度对花卉的影响

光照强度一年中以夏季光照最强，冬季光照最弱；一天中以中午光照最强，早晚光照最弱。不同的花卉种类对光照强度的反应不同，多数露地草花，在光照充足的条件下，植株生长健壮，着花多而大；而有些花卉，在光照充足的条件下，反而生长不良，需半阴条件才能健康生长。按照对光照强度的要求不同，可将花卉分为以下三类。

（一）阳性花卉

阳性花卉必须在较强的光照下生长，不能忍受荫蔽，一般需全日照70%以上的光强，否则生长不良。喜光的花卉包括多数露地一二年生花卉、宿根花卉、球根花卉及仙人掌科、景天科和番杏科等多浆植物。如半支莲、牵牛花、茑萝、鸡冠花、百日草、荷花、大丽花、唐菖蒲、茉莉等。

（二）阴性花卉

阴性花卉要求适度荫蔽才能生长良好，不能忍受强烈的直射光线，生长期间一般要求50%~80%荫蔽度的环境条件，这类花卉原产于山背阴坡、山沟溪涧、林下或林缘。如兰科植物、蕨类植物以及苦苣苔科、凤梨科、姜科、天南星科、秋海棠科等植物，都为阴性花卉。许多观叶植物也属此类。

（三）中性花卉

中性花卉对光照强度的要求介于阳性花卉与阴性花卉之间，对光照的适应范围较大，一般喜阳光充足，但也能忍受适当的荫蔽，如萱草、耧斗菜、桔梗等。

光照强弱对花蕾开放时间也有很大影响。半支莲、酢浆草必须在强光下开花；月见草、紫茉莉、晚香玉于傍晚盛开；昙花于夜间开花；牵牛花只盛开于每日的晨曦中。绝大多数花卉晨开夜闭。

二、光照长度对花卉的影响

地球上每天光照时间的长短，随纬度、季节而发生变化。光照长度是植物赖以开花的重要因子。各种不同长短的昼夜交替，对植物开花结实的影响称为光周期现象。根据花卉对光周期的不同反应分为：长日照花卉、短日照花卉、日照中性花卉3类。

（一）长日照花卉

日照长度在14~16小时促进成花或开花，短日照条件下不开花或延迟开花，许多晚春与初夏开花的花卉属于长日照花卉。如唐菖蒲、天人菊。

（二）短日照花卉

日照长度在 8~12 小时促进成花或开花，长日照条件下不开花或延迟开花。如秋菊、一品红、波斯菊等。波斯菊不论春播还是夏播都将在秋天短日照条件下开花。

（三）日照中性花卉

这类花卉成花或开花过程不受日照长短的影响。只要条件适宜，在不同的日照长度下均可开花。这类花卉种类最多。

另外，日照长度对植物营养生长和休眠也有重要作用。一般来说，延长光照时数会促进植物的生长和延长生长期；反之，则会使植物进入休眠或缩短生长期。对从南方引种的植物，为了使其及时准备越冬，可用短日照的办法使其提早休眠，以提高抗逆性。

第四节　土　壤

土壤是花卉进行生命活动的场所，花卉从土壤中吸收生长发育所需的营养元素、水分和氧气。土壤的理化性质及肥力状况，对花卉的生长发育具有重大影响。

一、土壤物理性状与花卉的关系

土壤矿物质为组成土壤的基本物质，其含量不同、颗粒大小不同所形成的土壤质地也不同，通常按照矿物质颗粒直径大小所占的比例将土壤分为砂土类、黏土类和壤土类 3 种。

（一）砂土类

土壤质地较粗，含沙粒较多，土粒间隙大，土壤疏松，通透性强，排水良好，但保水性差，易干旱；土温受环境影响较大，昼夜温差大；有机质含量少，分解快，肥劲强但肥效短，常用作培养土的配制成分和改良黏土的成分，也常用作扦插、播种基质或栽培耐旱花卉。

（二）黏土类

土壤质地较细，土粒间隙小，干燥时板结，水分过多又太黏。含矿质元素较多，保水保肥能力强且肥效长久，但通透性差，排水不良，土壤昼夜温差小，早春土温上升慢，花卉生长较迟缓，尤其不利于幼苗生长。除少数喜黏性土的花卉外，绝大部分花卉不适应此类土壤，常需与其他质地土壤或基质配合使用。

（三）壤土类

土壤质地均匀，土粒大小适中，性状介于沙土与黏土之间，土温比较稳定，既有较好的通气排水能力，又能保水保肥，对植物生长有利，能满足大多数花卉的要求。

土壤空气、水分、温度直接影响花卉生长发育。土壤内水分和空气的多少主要与土壤质地和结构有关。

植物根系进行呼吸时要消耗大量氧气，土壤中大部分微生物的生命活动也需消耗氧气，所以土壤中氧含量低于大气中的含量。一般土壤中氧含量为10%~21%，当氧含量为12%以上时大部分植物根系能正常生长和更新，当浓度降至10%时多数植物根系正常机能开始衰退，当氧分下降到2%时植物根系只够维持生存。

土壤中水分的多少与花卉的生长发育密切相关。含水量过高时，土壤空隙全为水分所占据，根系因得不到氧气而吸收功能变差，严重时导致叶片失绿，植株死亡。一定限度的水分亏缺，迫使根系向深层土壤发展，同时又有充足的氧气供应，所以常使根系发达。在黏重土壤生长的花卉，夏季常因水分过多，根系供氧不足而造成生理干旱。

土温对种子发芽、根系发育、幼苗生长等均有很大影响。一般地温比气温高3~6℃时，扦插苗成活率高，因此，大部分的繁殖床都安装有提高地温的装置。

二、土壤化学性质与花卉的关系

土壤化学性状主要指土壤酸碱度、土壤氧化还原和土壤吸收性能等，它们与花卉营养状况有密切关系。其中土壤酸碱度对花卉生长的影响尤为明显。

土壤酸碱度一般指土壤溶液中的氢离子的浓度，用pH值表示。土壤pH值多在4~9。土壤酸碱度与土壤理化性质及微生物活动有关，它影响着土壤有机物与矿物质的分解和利用。土壤酸碱度对植物的影响往往是间接的，如在碱性土壤中，植物对铁元素吸收困难，常造成喜酸性植物出现缺绿症。

土壤反应有酸性、中性、碱性3种。过强的酸性或碱性均对植物生长不利，甚至造成死亡。各种花卉对土壤酸碱度适应力有较大差异，大多数要求中性或弱酸性土壤，只有少数能适应强酸性（pH值4.5~5.5）和碱性（pH值7.5~8.0）土壤。依花卉对土壤酸度的要求，可分为3类。

（一）酸性土花卉

在酸性轻或重的土壤上生长良好的花卉。土壤pH值在6.5以下。又因花卉种类不同，对酸性要求差异较大，如凤梨科植物、蕨类植物、兰科植物以及栀子花、山茶、杜鹃花等对酸性要求严格，而仙客来、朱顶红、秋海棠等相对要求不严。

（二）中性土花卉

在中性土壤上生长良好的花卉。土壤pH值在6.5~7.5，绝大多数花卉均属此类。

（三）碱性土花卉

能耐pH值7.5以上土壤的花卉，如石竹、香豌豆、非洲菊、天竺葵等。

第五节　其　　他

一、花卉与营养

维持花卉生长发育的元素主要有：碳、氢、氧、氮、磷、钾、钙、镁、硫、铁、铜、锌、硼、钼、锰、氯等。其中，花卉对碳、氢、氧、氮、磷、钾、钙、镁、硫、铁的需要量较大，通常称为大量元素；而对铜、锌、硼、钼、锰、氯的需要量很少，称微量元素。尽管花卉对各种元素的需要量差别很大，但它们对花卉的正常生长发育起着不同的作用，既不可缺少，也不能相互替代。

（一）花卉主要营养元素

1. 氮

氮是构成蛋白质的主要成分，在植物生命活动中占有重要地位。它可促进花卉营养生长，促进叶绿素的形成，使花朵增大，种子充实，但如果超过花卉生长需要，就会推迟开花，使茎徒长，降低对病害的抵抗力。

一年生花卉在幼苗期对氮肥需要量较少，随着植株生长，需要量逐渐增多。二年生花卉和宿根花卉，在春季生长初期要求较多氮肥，应适当增加施肥量，以满足其生长要求。

观花花卉与观叶花卉对氮肥的需要量不同，观叶花卉在整个生长期都需要较多氮肥，以使在较长时期内保持叶色美观；对于观花类花卉，在营养生长期要求较多氮肥，进入生殖生长阶段，应适当控制氮肥用量，否则将延迟开花。

2. 磷

磷素能促进种子发芽，提早开花结实期，使茎发育坚韧，不易倒伏，增强根系发育，并能部分抵消氮肥施用过多造成的影响，增强植株对不良环境和病虫害的抵御能力。因此，花卉在幼苗生长阶段需要施入适量磷肥，进入开花期以后磷肥需要量更多。

3. 钾

钾肥能使花卉生长强健，增进茎的坚韧性，不易倒伏，促进叶绿素的形成与光合作用的进行。在冬季温室中当光线不足时应适当多施钾肥。钾素还能促进根系扩大，对球根花卉如大丽花的发育极有好处。另外，钾肥还能使花色鲜艳，提高花卉抗寒、抗旱及抵抗病虫害的能力。过量钾肥会使植株低矮，节间缩短，叶子变黄，继而呈褐色并皱缩，使植株在短时间内枯萎。

4. 钙

钙可以降低土壤酸度，在我国南方酸性土地区是重要的肥料之一。土壤中的钙可被植株根系直接吸收，使植株组织坚固。

5. 铁

铁在叶绿素形成过程中起着重要作用，植物缺铁时，叶绿素不能形成，从而妨碍了碳水化合物的合成。通常情况下，一般不会发生缺铁现象，但在石灰质土或碱土中，由于铁与氢氧根离子形成沉淀，无法为植物根系吸收，故虽然土壤中有大量铁元素，仍能发生缺铁现象。植物缺铁幼嫩叶片失绿，整个叶片呈黄白色。铁在植物体内不易移动，故缺铁时老叶仍保持绿色。

6. 镁

镁是叶绿素分子的中心元素，植物体缺镁时无法正常合成叶绿素。镁还是许多重要酶类的活化剂，同时镁对磷素的可利用性有很大影响。因此，虽然植物对镁的需要量较少，但却是必不可少的。

7. 硼

硼能促进花粉的萌发和花粉管的生长，植物柱头和花柱中含有较多的硼，因此，硼与植物的生殖过程有密切关系，有促进开花结实的作用。另外，硼能改善氧气的供应，促进根系的发育和豆科植物根瘤的形成。

（二）花卉常见营养元素缺乏症状及防治（表1－1）

表1－1　花卉常见营养元素缺乏症状及防治

缺乏元素名称	症状出现部位	主要症状	防治措施
氮	老叶	先自老叶均匀发黄，焦枯，新叶淡绿，叶片变狭，出叶慢，分枝或分蘖少，不易萌发不定芽，花小且色不艳，结实率下降，产量低	喷施0.1%~0.3%尿素，连续喷2~3次 结合换盆基施少量蹄片
磷	老叶	植株矮小，茎叶呈暗绿或紫红色，叶片卷曲，着花量少，根系不发达，幼芽萌发迟缓，生育期延迟，种子质量降低	喷施0.1%~0.3%磷酸二氢钾 结合换盆基施饼肥渣作基肥
钾	老叶	首先在老叶出现黄、棕、紫等色斑（因花而异），叶尖焦枯向下卷曲，黄化从叶尖、叶缘向中部扩展，以后边缘变褐并向下皱曲，终至脱落，花亦变小	喷施0.3%~0.5%硫酸钾或0.1%~0.3%磷酸二氢钾 土施少量硫酸钾
镁	老叶	叶片向上卷曲，叶脉间明显失绿，出现清晰网状脉纹，有多种色斑点或斑块	每周喷施0.1%~0.2%硫酸镁，连续2~3周
钙	新生组织，顶芽易枯死	幼叶尖端受伤，叶尖弯钩状，并相互粘连，不易伸展	每周喷施0.3%~0.5%硝酸钙，连续2~3周
硼	新生组织，顶芽易枯死	节间变短，茎增粗，且硬而发脆，叶片变小，变脆，着花量少，花果早期脱落，生育期延长	每周喷施0.1%~0.3%硼酸或硼砂，连续2~3周
铁	新生组织，顶芽不易枯死	幼叶黄白化，但叶脉仍为绿色，一般不枯萎，但时间长了叶缘会枯焦	每10天浇1次矾肥水，连续2~3次 喷施0.2%硫酸亚铁

二、花卉与气体

大气组成成分复杂，各种组分在花卉的生长发育中起着不同的作用。

(一) 氧气

植物在生命活动过程中随时随地进行着呼吸作用，呼吸作用在正常情况下总是需要氧气。花卉种子萌发对氧气有一定要求，大多数种子萌发需要较高的氧，如翠菊、波斯菊等种子浸种时间过长，往往因为缺氧而不能发芽。但有些花卉种子，如睡莲、荷花、王莲等能在含氧量极低的水中发芽。

(二) 二氧化碳

二氧化碳对植物生长影响很大，是植物进行光合作用的重要物质。其含量多少与光合作用密切相关，在一定范围内，增加二氧化碳的浓度，可提高光合作用效率；但当二氧化碳浓度达到2%~5%时，即对光合作用产生抑制效应。在花卉保护地栽培中，为提高花卉产量与品质，可以合理进行二氧化碳施肥。但花卉种类繁多，栽培设施多种多样，二氧化碳具体施用浓度很难确定，一般施用量以阴天500~800mg/kg、晴天1 300~2 000mg/kg为宜。此外，还应根据气温高低、植物生长期等的不同而有所区别。温度较高时，二氧化碳浓度可稍高；花卉在开花期、幼果膨大期对二氧化碳需求量最多，二氧化碳浓度也可稍高些。

(三) 氨气

在保护地栽培中，由于大量施氮肥，常会导致氨气的大量积累，氨气含量过多对花卉生长不利。当空气中氨含量达到0.1%~0.6%时，就会发生叶缘烧伤现象；若含量达到4%，经24小时植株即中毒死亡。施用尿素也会产生氨气，最好在施肥后盖土或浇水，以避免氨害发生。

(四) 二氧化硫

主要由工厂燃料燃烧产生，当空气中二氧化硫浓度达到10~20mg/kg时，便会使花卉受害。有些敏感植物在0.3~0.5mg/kg浓度下即出现明显受害症状，浓度愈高危害愈重。表现症状为叶脉间发生许多褐色斑点，严重时变为白色或黄褐色，叶缘干枯，叶片脱落。不同花卉对二氧化硫敏感程度不同，其中美人蕉、鸡冠花、晚香玉、凤仙花、夹竹桃等对二氧化硫抗性较强。

（五）氟化氢

氟化氢是氟化物中毒性最强，排放量最大的一种，主要来源于炼铝厂、磷肥厂及搪瓷厂等厂矿区。它首先危害植株幼芽或幼叶，使叶尖和叶缘出现淡褐色至暗褐色病斑，并向内部扩散，以后出现萎蔫现象。氟化氢还能导致植株矮化、早期落叶、落花和不结实。对氟化氢抗性较强的花卉主要有：棕榈、凤尾兰、大丽花、一品红、天竺葵、万寿菊、倒挂金钟、山茶、秋海棠等。而郁金香、唐菖蒲、万年青、杜鹃等对氟化氢抗性较弱。

（六）氯气和氯化氢

氯气和氯化氢浓度较高时，对植株极易产生危害，症状与二氧化硫相似，但受伤组织与健康组织之间常无明显界限。毒害症状也大多出现在生理旺盛的叶片上，而下部老叶和顶端新叶受害较少。常见的抗氯气和氯化氢的花木有：矮牵牛、凤尾兰、紫薇、龙柏、刺槐、夹竹桃、广玉兰、丁香等。

思考题：

1. 温度对花卉生长发育的影响。
2. 依据花卉对水分要求的不同，可分为哪几类？
3. 土壤理化性质与花卉生长的关系。
4. 花卉常见营养元素缺乏症状及防治。

第二章　栽培设施

第一节　栽培设施的种类

花卉栽培设施是指人为建造的适宜或保护不同类型的花卉正常生长发育的各种建筑及设备。主要包括温室、塑料大棚、温床、冷床、荫棚、风障、冷窖，以及机械化、自动化设备、各种机具和容器等。

由于花卉的种类繁多、产地不同，对环境条件的要求差异很大。因此，在花卉栽培中采用以上设施，就可以做到在不适宜某类花卉生态要求的地区来栽培该类花卉，在不适于花卉生长的季节进行花卉栽培两方面的作用，使花卉的栽培不再受地区、季节的限制，从而能够集世界各气候带地区和要求不同生态环境的奇花异卉于一地，进行周年生产，以满足人们对花卉日益增长的需要。

一、温室

温室是以透明覆盖材料作为全部或部分围护结构材料，可在冬季或其他不适宜露地植物生长的季节供栽培植物的建筑。

温室是花卉栽培中最重要、同时也是应用最广泛的栽培设备，比其他栽培设备（如风障、冷床、温床、冷窖、荫棚等）对环境因子的调节和控制能力更强、更全面。温室是最完善的设施类型，利用温室可以摆脱自然条件的束缚，冬季可进行人工加温，夏季可进行遮阳降温，因此，是北方栽培花卉植物的重要设施之一。

（一）温室结构

温室结构包括屋架（前屋面和后屋面）、墙（山墙和后墙）、地基、加温设备与覆盖物（薄膜与草帘）等。

（二）温室类型

温室的种类很多，通常依据温室应用的目的、栽培用途、温度、植物种类、结构形式及设立的位置等区分。

1. 以应用的目的而区分

（1）观赏温室。这种温室专供陈列观赏之用，一般设置于公园及植物园内，外形要求美观、高大，如北京植物园的温室（图2－1）。在一些国家的公园中有更为宽广的温室，内有花坛、草地、水池及其他园林装饰，冬季供游人游览，特专名之为“冬园”。美国宾夕法尼亚州的郎乌德花园的大温室花园就属此类。

（2）栽培温室。以花卉生产栽培为主，建筑形式以适于栽培需要和经济适用为原则，不注重外形美观与否，一般建筑低矮，外形简单，室内地面利用甚为经济。这种温室又依栽培花卉的种类不同分为：切花用温室、盆栽用温室等。

图2－1 北京植物园观赏温室

（3）繁殖温室。这种温室专供大规模繁殖用，温室建筑多采用半地下式，以便维持较高的湿度。

（4）促成温室。专供冬春促成栽培用，因花卉种类不同，温室形式不一。

（5）人工气候室。一般供科研用，现在国外已有大型的人工气候室，也用于进行花卉生产。

2. 依温度而区分

(1) 低温温室。室温保持在5~8℃，用以保护不耐寒植物越冬，也作耐寒性草花生产。

(2) 中温温室。室温在8~15℃，用以栽培亚热带植物及对温度要求不高的热带花卉。

(3) 高温温室。室温在15℃以上，也可高达30℃左右，主要栽培热带植物，也可用于花卉的促成栽培。

3. 以加温来源而区分

由维持温室温度的方法不同区分为。

(1) 不加温温室。也称日光温室或冷室，利用太阳热力来维持温室温度，通常作为低温温室来应用。

(2) 加温温室。除利用太阳热力外，还用烟道、热水、蒸汽、电热等人为加温方法来提供温室温度，其中以烟道、蒸汽和热水3种方法应用最为广泛，中温温室和高温温室均为此类。

4. 以建筑材料区分

(1) 土温室。这种温室的特点是墙壁用泥土建成，屋顶上面的主要材料也是泥土，因而使用时间只限于北方无雨季节；其他各部构造为木材，窗面最早为纸窗，目前已使用玻璃窗。

(2) 木结构温室。结构简单，屋架及门窗框为木制，所用木材以坚韧耐久、不易弯曲者最好，常用的有红松、杉木、橡树等。使用年限以所用木材种类及养护情况而定。木结构温室造价低，使用几年后，温室密闭度常降低。使用年限一般为15~20年。

(3) 钢结构温室。柱、屋架、门窗均为钢材制成，坚固耐久，可建筑大型温室。用料较细，遮光面积较小，能充分利用日光。缺点是造价较高，容易生锈，由于热胀冷缩常使玻璃面破碎，一般可用20~25年。

(4) 钢木混合结构温室。这种温室除了中柱、桁条及屋架

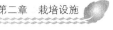

用钢材外，其他部分都是木制，由于温室主要材料应用钢材，可建较大的温室，使用年限也较久。

（5）铝合金结构温室。结构轻、强度大，门窗及温室的结合部分密闭度高，能建大型温室。使用年限很长，可用25~30年，但是造价高，是国际上大型现代化温室的主要结构类型之一。这种温室荷兰较多。

（6）钢铝混合结构温室。柱、屋架等采用钢制异形管材结构，门窗框等与外界接触部分是铝合金构件。这种温室具有钢结构和铝合金结构二者的长处，造价比铝合金结构的低，是大型现代化温室较理想的结构。

5. 以屋面覆盖材料而分

（1）玻璃温室。以玻璃为屋面覆盖材料。为了防雹采用钢化玻璃，玻璃透光度大，使用年限久。

（2）塑料温室。设置容易、造价低，更便于用作临时性温室，近20年应用极为普遍。多为半圆形或拱形，也有采用双屋面的。

6. 依建筑形式而划分

温室的形式取决于观赏或生产上的需要，观赏温室的建筑形式很多，有方形、多角形、圆形、半圆形及多种复杂的形式等，仅可能满足美观上的要求，屋面也有部分采用有色玻璃的。栽培温室的形式只要求满足栽培上的需要，通常形式比较简单，基本形式有4类：单屋面温室，双屋面温室，拱圆（不等式）屋面温室和连栋式温室。

（1）单屋面温室。温室屋顶只有一向南倾斜的玻璃屋面，其背面为墙体。

（2）双屋面温室。温室屋顶有2个相等的玻璃屋面，通常南北延长，屋面分东西两向，也偶有东西延长的。

（3）不等面温室。温室屋顶具有2个宽度不等的屋面，向南一面较宽，向北一面较窄，二者的比例为4∶3或3∶2。

（4）连栋式温室。又名连续性温室。同一样式和相同结构的两栋或两栋以上的温室连接而成。形成室内串通的大型温室（图2－2）。

图2－2　连栋温室

7. 以温室设置的位置而区分

以温室在地面设置的位置可分为3类。

（1）地上式。室内与室外地面近于水平。

（2）半地下式。四周短墙渗入地下，仅侧窗留于地面以上，这类温室保温好，室内又可维持较高的湿度。

（3）地下式。仅屋顶凸出于地面，无侧窗部分，只有屋面采光。此类温室保温最好，也可保持很高的湿度；其缺点为日光不足，空气不流通，适于要求湿度大及耐阴的花卉，如蕨类植物、热带兰等。

二、风障

指露地保护栽培防风屏障，是我国北方常用的简易保护设施，可用于耐寒的一二年生花卉越冬或一年生花卉露地栽种。也可设置于新栽植的园林植物旁边，提高移栽成活率。

风障可降低风速，使风障前近地层气流比较稳定，风速越大，防风效果越明显。风障能充分利用太阳辐射能，增加风障前附近的地表温度和气温，并能比较容易地保持风障前的温度。

三、温床

是利用太阳辐射热和人工补热来维持栽培畦内的温度。多用于温室花卉繁殖及一二年生花卉的提前播种，以及耐寒花卉的促成栽培。目前电热温床应用最为广泛。

（一）电热温床铺设

1. 电热温床的建造

建床时先挖深25~30cm、宽1.2~1.5m的长方形床池，长度不定。铲平池底。首先在池底铺5~10cm厚的麦秸、树叶、草木灰等作为隔热材料，铺平踏实，然后再铺2cm厚的细土踏平，最后做成风障阳畦。

2. 选择电加温设施

电热线（电温线）是电热床的热源。生产中应用的电热线主要有：上海农业机械研究所实验工厂生产的DV系列电热线，其功率有600W、800W、1 000 W 3种，长度分别是80m、100m、120m。

电热线通电加温受自动控温仪控制。常用的有上海农业机械研究所实验工厂生产的Ka－1型和KWD－K组合箱式温度控制仪，北京清河电热温度控制器厂生产的控温仪等。

3. 电热线的使用方法

以DV系列电热线为例，采用较多的是绿色和黄色的加温线。绿色地加温线功率为1 000W，线长120m，额定电流为5A，电压220V；黄色地加温线功率为800W，线长100m，额定电流为4A，电压220V。温度控制器：上海产KWD型控制器与天津第二开关厂出产的CT10－10、CT10－40互换接触器配套使用。

4. 通电试验

线布好后，接通电源，合上闸刀开关，通电1~2分钟。如电源线变软发热，证明工作正常，便可覆盖床土；如电源线不发热，证明线路不通，应检查线路，消除故障。

5. 覆盖床土

通电尝试成功后，应在电热线上面覆盖8~10cm厚的床土，即每平方米覆盖100~125kg床土。盖土时应先用部分床土将电热线分段压住，以防填土时线走动，同时床土应顺着电热线延伸的方向覆盖。床土覆盖好后，将床土用木板刮平，以便播种育苗。

6. 注意事项

DV电热线断后，可用锡焊接，接头处应套进3mm孔径的聚氯乙烯套管。采用2根或2根以上的地加温线时，应并联，不能串连。线与线之间不能交叉堆叠或打结，不然因散热不良而使绝缘橡胶烧焦。

(二) 电热温床的铺设参数的确定

1. 确定电热温床的功率密度

功率密度是指每平方米所具有的功率数，我国华北地区冬春季阳畦育苗要求的功率密度为90~120W/m^{2}为宜，一般温室内育苗要求的功率密度为70~90W/m^2。

2. 根据温差面积计算温床所需电热总功率

电热总功率＝温床面积×功率密度

3. 根据电热总功率和每根电热线的额定功率计算电热线条数

电热线条数＝电热总功率÷单根电热线的功率。由于电热线不能剪断，所以计算出来的电热线条数必须取整数。

4. 布线道数

根据电热线长度和苗床的长、宽，计算出电热线在苗床上往

返道数电热线往返道数 = （电热线长 - 床宽） ÷ （床长 - 0.1m）（取偶数）

5. 布线间距

布线间距 = 床宽 ÷ （电热线道数 - 1） 所算的布线间距是往返的平均线距，在实际中，由于苗床四周散热量多，铺线可适当加密，而苗床中间散热量少，铺线可稀些，因此，可将线间距作适当调整，使线距左右对称。

四、地窖

又称冷窖，是冬季防寒越冬的临时性保护场所。我国北方地区应用的较多，具有保温性能好，建造简便易行的特点。常用于不能露地越冬的宿根、球根、水生及木本花卉等的保护越冬。地窖应设在避风向阳、阳光充足、土层深厚、地下水位较低处。

五、荫棚

常用于夏季花卉栽培的遮阳降温。其形式多种多样，大致可分为永久性和临时性两类。永久性荫棚多设于温室近旁，用于温室花卉的夏季遮阳；临时性荫棚多用于露地繁殖床和切花栽培。

六、冷库

指人为地调低温度以贮藏种子、球根、切花等花卉产品的设施。冷库通常保持在0~5℃的低温，或按需调节温度，是花卉促成和抑制栽培中的常用设备。如球根花卉的切花生产中，为满足花卉市场周年供应或多季供应的需要，常将球根贮藏在冷库中，分期分批地栽植，不断上市；或在花卉生产过程中，因生长发育过快，不能按计划供花，可放入适宜的低温冷库中，延续生长发育适时开花；或将提早开花的花卉移至冷库，降低温度延长花期。冷库也是鲜切花栽培的必要设备，用作鲜切花的保鲜，调节上市的时间。

七、小拱棚

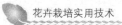

是利用塑料薄膜和竹竿、毛竹片等易弯成弓形的支架材料做成的低矮保护设施，结构简单、体形较小，负载轻，取材方便，用后即拆，不永久占地。棚内的温度随环境温度的变化而变化，且变化幅度较大。多用作临时性简单保护措施。

八、塑料大棚

塑料大棚简称大棚。指没有加温设备的塑料薄膜覆盖的大棚，是花卉栽培及养护的主要设施。

塑料大棚内的温度源于太阳辐射能。白天太阳能提高了棚内的温度，夜晚土壤将白天贮存的热能释放出来，由于塑料薄膜覆盖，散热较慢，从而保持了大棚内的温度。但塑料薄膜夜间长波辐射量大，热量散失较多，常导致温度过低。塑料大棚的保温性与其面积密切相关：面积越小，夜间越易变冷，温差也越大；面积越大，温度变化缓慢，温差就越小，保温效果越好。现在用的多是无滴膜，薄膜上不附着水滴，透光率较高，白天棚内温度增加，但是夜间能较快地透过地面的长波辐射而降低棚内温度。

第二节 温室设备及环境调控

一、植物台

放置盆花的花架，多用于盆花的栽培。

植物台又称植台或台架，其形式有平台与级台 2 种，平台常设与单屋面温室南侧，双屋面温室的两侧；在较大的温室中，也可设于温室中部。平台高度一般为 80cm，宽度为 80~100cm，如设于温室中部而两边有通路时，其宽度为150~200cm。而级台，若设置在单屋面温室中，常靠北墙台面向南；在双屋面温室中设于正中。级台可充分利用温室空间，而且通风良好，光照均匀，但管理不便，不适于大规模生产应用，在观赏温室中适用。

1. 植物台的功能

①使花卉接受充分的光照，因为愈靠近玻璃屋面，光线愈强。②室内通气良好，台内土壤排水通畅，利于盆花健壮生长。③土壤温度及水分容易调节。④能更充分地利用温室空间，在台下可设水池、暖气管，或放置耐荫花卉，如此地面空间能充分利用。⑤栽培管理方便（级台管理较费工）。

2. 植物台构成

木制；铁架；木板及混凝土3种，前2种的台面为木板构成，如只为放置盆花用者，可用宽6~15cm、厚3cm的木板铺成，两板间应留2~3cm的空隙以便排水，其床面高度通常低于矮墙约20cm。如为填土的植物台（又名土台），构成盛土的浅箱，边缘高15~20cm，其上沿的高度应与短墙等高，底板应留排水孔，此种植物台多用于切花栽培。

3. 植物台间的通路

一般宽70~80cm，切花栽培者较狭，约70cm，观赏温室需设置较宽的通路。

二、种植床

又称栽培床，是温室内栽培花卉的设施。在温室内就地栽培或高出地面栽培，前者称为地床，后者称为高床，其侧面由砖或混凝土筑成，其中填入土壤。

种植床与植物台相比较

1. 优点

①易于保持湿润，土壤不易干燥；②土层深厚，植物生长优

良，更适于深根性和多年生花卉栽培；③设置材料经济；④可以使用较大用具，以节省人工。

2. 缺点

①通风不良；②日照较差；③土壤温度及湿度难以控制；④管理不便。以上缺点尤以地床为甚。

此外，采用自动灌溉所用的植物台，依自动灌溉方法的不同，有各种不同形式和结构。

三、繁植床

除了繁殖温室外，在一般栽培规模较小的温室中，也常在加温管道上设置繁殖床。单屋面温室及不等面温室中，繁殖床设于北墙，因多用于扦插，光线不宜过强；一般床宽约100cm，深40~50cm，上设玻璃窗，下部至管道全封闭，以免温度降低，床底用水泥砖铺成，下部距加温管道40~50cm。现多采用电热线加温。

四、光控设备

（一）遮光设备

根据遮光目的，可分为光合遮光和光周期遮光。

1. 光合遮光材料

光合遮光材料夏季由于强光高温会使某些阴生植物光合强度降低，甚至叶片、花瓣产生灼伤现象。为了削弱光照强度，减少太阳热辐射，需要进行光合遮光，又称为部分遮光。

遮光材料应具有一定透光率、较高的反射率和较低的吸收率。遮阳网最为常用，其遮光率的变化范围为25%~75%，与网的颜色、网孔大小和纤维线粗细有关。遮阳网的形式多种多样，目前普遍使用的用黑塑料编织而成（图2-3）。

在欧美一些国家，遮阳网形式更多，有的是双层，外层为银白色网，具有反光性，内层为黑塑料网，用以遮挡阳光和降温。有的不仅减弱光照强度，而且只透过日光中植物所需要的光，而将不需要的光滤掉。遮光材料可覆盖于温室或大棚的骨架上，或直接将遮光材料置于玻璃或塑料薄膜上构成外遮阳。遮阳网还可用于温室内遮阳。

图 2－3　遮阳网

2. 光周期遮光材料

光周期遮光又叫完全遮光。其主要目的是通过遮光缩短日照时间，延长暗期，以调节观赏植物开花期，如使菊花提早开花、昙花白天开花等。还可用于暗发芽种子的育苗。

常用的完全遮光材料有黑布与黑色塑料薄膜两种。铺设在设施顶部及四周，要求严密搭接。

（二）补光设备

补光的目的之一是满足植物光周期的需要，调节观赏植物的花期，这种补光要求光照度较低，称为低强度补光。常用补光设备有两种，即人工补光设备和反光设备。

1. 人工补光设备

主要是电光源。理想的电光源应有一定的强度，能使床面光强达到光补偿点以上和光饱和点以下，一般在 30～50klx，最大可达 80klx；同时要求光照强度具有一定的可调性；另外，要求有一定的光谱能量分布，可以模拟自然光强，或要求具有类似植物生理辐射的光谱。目前，用于补光的光源主要有白炽灯、荧光灯、高压汞灯、金属卤化物灯、高压钠灯。

（1）白炽灯。白炽灯是第一代电光源。辐射能主要是红外线，可见光占比例小，发光效率低，热效应高。因其价格便宜、使用简单，生产中仍有使用。

（2）荧光灯。荧光灯是第二代电光源。光线接近日光，其波长在580nm左右，对光合有利，发光效率高，是目前最普遍的一种光源。其主要缺点是功率小。

（3）高压汞灯。高压汞灯以蓝绿光和可见光为主，还有约3.3%的紫外光，红光很少。目前，多用改进的高压荧光汞灯，增加了红光成分，功率较大，发光效率高，使用寿命较长。

（4）金属卤化物灯和高压钠灯。这两种灯较接近，发光效率为高压汞灯的1.5~2倍，可用于高强度人工补光，光质较好(图2-4)。

图2-4　补光设备

（5）低压钠灯。低压钠灯发光波长仅有589nm，但发光效率高。补光灯上有反光灯罩，安置在距植物顶部1~1.5m处。补光量依植物种类、生长发育阶段以及补光目的来确定。

2. 反光设备

合理利用室内反射光设备，不仅能增加光照度，还能改善光照分布，是较廉价的补光措施，常用于改善日光温室内的光照条件。

最简单的做法是在室内建材和墙上涂白。在日光温室的中柱或北墙内侧张挂反光板，如铝板、铝箔或聚酯镀铝薄膜，将光线反射到温室中北部地面，可明显提高中北部光照，反光率可达80%。据测定，反光板可使温室内光照量比普通温室高1倍，甚至比室外光照度高出10%~20%。反射光的有效距离大致能达到离反射板3m以内，距反射板越远，增光效果越差。

温室大多以自然光作为主要光源。为使不同生态环境的奇花异卉集于一地，如长日性花卉在短日照条件下生长，就需要在温室内设置光源，以增强光照强度和延长光照时数；若短日性花卉在长日照条件下生长，则需要遮光设备，以缩短光照时数。遮光设备需要黑布、遮光膜等。

五、温控设备

温控设备包括保温设备、加温设备和降温设备。

（一）保温设备

一般情况下，通过设施覆盖材料传出的热量损失占总散热量的70%左右，通过通风换气及冷风渗透的热量损失占20%左右，通过土壤传出的热量占10%以下。因此，设施的保温途径主要是增加外围护结构的热阻，减少通风换气及冷风渗透，减小围护结构底部土壤的传热。常见保温设备有如下几种。

1. 外覆盖保温材料

包括草苫、纸被、棉被，多用于塑料棚和单屋面温室的保温，一般覆盖在设施透明覆盖材料外表面。

草苫是目前生产上使用最多的一种外覆盖保温材料，由稻草或蒲草等编织而成。其特点是保温效果好，与不覆盖相比较，一般可提高温度3~5℃，热节省率达60%。但要达到实际保温效果，需注意草苫厚度不小于6cm，越紧密越好，每幅宽度不要超过3m。草苫的编制比较费工，耐用性不是很理想，而且草苫有相当的重量，尤其是被雨雪淋湿后，会增加温室骨架材料的负重。另外，平时的揭放也耗时费力，且易污染划破薄膜。为增强其保温能力，可在草苫下面加盖纸被，纸被可由4~6层新的牛皮纸缝制而成，大小与草苫相仿。

保温被常用棉絮或纺织厂下脚料作内部填充物，外面用防水材料包被。其特点是重量轻，不易被雨雪淋湿，保温性好，使用年限长，但一次性投资大。

2. 室内保温设备

主要包括保温幕和小拱棚。保温幕一般设在设施透明覆盖材料的下方。可利用开闭机构，白天打开进光，夜间密闭保温。保温幕常用材料为无纺布、聚乙烯薄膜等。覆盖层数一般为1~2层，层间距为15cm，过多增加层数，投资大且效果不明显。保温效果与幕的高度及导热系数的关系不大，关键是要注意保温幕的密闭性，特别是上部接合处和四周底角处不能留缝隙，一般保温幕的接合处需重叠30cm左右。

设施内增设小拱棚后气温可提高3~4℃，但光照减弱30%左右，且不适用于较高大的植物。

3. 双层固定覆盖设施透明覆盖材料

由两层组成，如两层玻璃、两层薄膜，或一层玻璃、一层薄膜，两层间有空隙。一般双层玻璃间隙小于2cm，双层薄膜间隙在30cm左右。通常双层覆盖层中间充以空气以保持间距。日本曾试验，在夜晚向薄膜层间吹入发泡聚苯乙烯颗粒，白天用风机吸出，可提高保温性30%~40%，但透光率至少降低10%，只适用于光照充足的地区和不需强光的植物。

4. “围裙”与“门帘”

“围裙”是在设施的外围护结构墙体上，从地表到距地面50%~60%高处加盖固定的保温材料。“门帘”可采用薄膜、草帘或棉被张挂在门附近，以挡住进出时的冷风渗入。

（二）加温设备

采暖方式应根据设施种类、规模、栽培品种与方式、气候和燃料等条件，本着可靠、经济、适用的原则，因地制宜地确定。常用的加温采暖方式有烟道加温、热水加温、蒸汽加温、热风加温、电加温、辐射加温及太阳能蓄热加温等。

1. 烟道加温

即用烟道散热取暖。火炉通常设置在外间工作室内或单屋面温室北墙内侧近壁处。由于单屋面温室利用面积仅限于南侧部分，因此，一般将烟道设在北侧，但是，夜间南北温差较大。烟道可采用瓦管、砖筒或铁皮筒。瓦管和铁皮筒传热快，温度不够稳定；砖砌烟道本身较厚，吸热力大，封火后可继续放热，温度较稳定，但加温时温度上升缓慢，故加温时间应提早。烟道长度一般不超过1.2m，否则气流循环缓慢，火力不旺。如加高烟筒或装鼓风机，烟道可适当延长。

烟道加温设备维护容易，且初期投资少，燃烧费用低，封火后仍有一定保温性，适用于单屋面温室加温以及大棚短期加温。但室内温度不易控制，温度分布不均，空气干燥，燃料利用率低，室内空气质量差，热力供应量小，预热时间较长，且密闭时需防止煤气中毒。此设备设置容易，在较小温室中多采用，较大温室不能采用。

2. 热水加温

通过放热管，用60~80℃热水循环散热加温。热水可通过锅炉加热获得，或直接利用工业废水和温泉。热水往复循环的动力可依靠本身的重力或水泵。其中用重力循环虽节约燃料费用，但不及水泵输送距离远，因而不能用于太大的温室。水泵循环能用于大型温室，但增加了电能消耗和维护费用。

热水加温可使温湿度保持稳定，且室内温度均匀，燃料费用低，最适于花卉的生产。缺点是冷却之后再加热时，设施内温度上升慢，热力不及蒸汽、热风加温大，且设备成本高，寒冷地方需防止管道冻结。适用于各种不同大小类型的温室，尤其是大型温室长时间加温（图2－5）。

3. 蒸汽加温

用100~110℃蒸汽通过放热管加温。放热管采用排管或圆翼形管，不宜用暖气片。放热管通常置于设施内四周墙上或植物台下，避免影响光照。

图2－5 热水加温

蒸汽加温预热时间短，温度容易调节。但加热停止后余热少，缺少保温性，设施内湿度较低，近管处温度较高，附近植物易受伤害。虽然设备费用比热水加温低，但燃料费用较高，对水质要求较严，需有熟练的加温技术。

可用于大面积温室，蒸汽加温所用放热管均采用排管，不宜用炉片（暖气片），放热管通常装置于温室内四周短墙上或植物台下。

适用于小型温室短时间加温。

4．热风采暖

用燃油热风机或燃气热风机。将加热后的空气（一般比室温高20~40℃）通过风管直接送入设施内。其优点是室温均匀，设备简单，不占地，遮光少；缺点是室内温度波动较大，适用于小型温室或短时间加温。

5．电热采暖

用电热线和电暖风来加温。电热线可安装在土壤中或无土栽培的营养液中，用来提高土温和液温。电暖风是将电阻丝通电发热后，由风扇将热能快速吹出。

电热加温方法供热均衡，便于控制，节省劳力，清洁卫生。但停电后保温性差，耗电多，运行成本高。一般作辅助加温或育苗用。

6．辐射加温

采用液化石油气红外燃烧取暖炉。优点是可直接提高植物冠层温度，预热时间短，容易控制，使用方便，设备费用低。但耗能多，费用高，停机后保温性差。一般作为临时辅助采暖。

7. 太阳能蓄热加温

将温室白天多余的热量贮存起来，以补充夜晚热量的不足，是一种行之有效的节能措施。适用于光照资源充足的地区。常见的有地热交换法和蓄热体热交换法。

(1) 地热交换。由风机、风道、蓄放热管道与控制装置组成。蓄放热管道一般采用瓦管、陶管或 PVC 波纹管，分数排埋在温室、大棚地面以下 50~60cm 深处，管道两端与室内空气相通。白天气温高于地温，通过风机使空气在管中流动，将白天设施内多余热量积蓄于土壤中；夜间地温高于气温，风机开动，空气在管中流动，将地中热量带入空气进行加温。一般可使温室夜间气温提高 5~7℃。

(2) 蓄热体热交换。利用热容量大的水作为太阳能蓄热体，或利用某些盐类如氯化钙、硫酸钠等溶解时吸热、凝固时放热的原理，将白天多余的热量积蓄于载热体中，夜间放出来加热温室。

(三) 降温设备

设施内降温的途径包括减少透入设施内的太阳辐射、增大设施的通风换气量、增加设施内的潜热消耗。常用的降温设备有以下几种。

1. 遮光降温设备

遮光降温设备包括白色涂层（如白色稀乳胶漆、石灰水、钛白粉等）、各种遮光材料（如苇帘、竹帘、遮阳网、无纺布等）和屋面流水。

白色涂层一般涂在设施屋顶，以阻挡中午前后的太阳直射光为主，遮光 10% 左右，降温效果较差。遮光材料一般遮光率 50%~55%，使室内温度下降 3.5~5.0℃。塑料大棚在自然通风状态下，使用白色无纺布遮光降温，可使棚内气温降低 2~3℃。遮阳网设置在室外屋面上方 30~40cm 处，可降低室内气温 4~

5℃，若设在室内降温效果减半。最好安装卷帘设备，根据日光强弱调节遮光程度。屋面流水可遮光25%，并能冷却屋面，室温可降低3~4℃，但费用高，且玻璃表面易起水垢。

2. 通风设备

通风除降温作用外，还可降低设施内湿度，补充CO_2气体，排除室内有害气体。通风包括自然通风和强制通风两种。

（1）自然通风。适于高温、高湿季节的全面通风及寒冷季节的微弱换气。由于自然换气设备简单，运行管理费用较低，因此被广泛采用。

换气窗的设置应同时满足启闭灵活、气流均匀、关闭严密、坚固耐用、换气效率高等要求。简易的塑料大棚和日光温室一般用人工掀起部分塑料薄膜进行通风，而大型温室则需采用相应的通风装置。大型温室的换气窗有天窗、侧窗、肩窗、谷间窗等（图2-6）。

图2-6 换气窗

（2）强制通风。利用排风扇作为换气的主要动力。由于设备和运行费用较高，主要用于盛夏季节需要蒸发降温，或开窗受到限制，高温季节通风不良的温室，以及某些特殊需要的温室。

设备主要由风机、进风口、风扇或导风管组成。根据风机装置位置与换气设施组成不同，温室强制换气的布置形式包括山墙面换气、侧面换气、屋面换气和导风管换气等。

3. 蒸发降温设备

其原理是利用水分蒸发吸收大量热量，从而导致室内空气温度下降，在实际应用时常结合强制通风来提高蒸发效率。蒸发降温效果与温室外空气湿度有关，湿度小时效果好，湿度大时效果差，理论上可使温室内的气温降至与温度计的湿球温度相等。蒸发降温设备常见的有下列3种。

（1）湿垫风机降温。湿垫又称水帘，是在温室一面山墙（北墙）上安装湿垫，水从上面流下，另一面山墙（南墙）上装有排风扇，抽气形成负压，室外空气在穿过湿垫进入室内的过程中，由于水分蒸发吸收热量而降温。此系统由湿垫、风机、循环水路与控制装置组成，如（图2－7）设备简单，成本低廉，降温负荷大，运行经济。湿垫的材料用木刨花、棕丝、多孔混凝土板、塑料板等。风机应顺主风向设置，两风机间隔不应超过7.5m。排风机与邻近障碍物间距离应大于风机直径的1.5倍，以免排出气体受阻。风机与湿垫间距离以30~50m为宜。此法降温速度快、幅度大，适用于夏季气温高且干燥的地区，在空气湿度大的地区使用效果差。

图2－7　左边为水帘，右边为排风扇

（2）细雾排风。由细雾装置与通风部分组成。细雾装置包括喷头、输水管路、水泵、贮水箱、过滤器、闸阀、测量仪表等，通风部分包括进出风口和风机。微雾排风是在植物上层2m

以上的空间里，喷以直径小于0.0mm的浮悬性细雾，通过细雾蒸发，对流入的室外空气加湿冷却，抑制室内空气的升温，温度分布较均匀。由于细雾在未达到植物叶片时便可全部汽化，不会弄湿植物，可减少病害发生，且具有节约用水和通风阻力小等优点，但对高压喷雾装置的技术要求较高。这种方法在夏季气候较干燥的地区使用效果较好。

(3) 屋顶喷雾——水膜降温系统。在温室屋顶外面张挂一幕帘，其上设喷雾装置，未汽化的水滴沿屋面流下，顺排水沟流出，使屋面降温接近室外湿度、温度。此法通过屋面对流换热来冷却室内空气，不增加室内湿度，可使室内温度降至比室外低3~4℃，且温度分布较均匀。

六、灌溉设备

灌溉系统是设施生产中的重要设备，目前使用的灌溉方式大致有人工浇灌、漫灌、喷灌、滴灌、渗灌和底面灌水等。

1. 人工浇灌

人工浇灌需要配置贮水池、喷壶或浇壶等设备。

2. 漫灌

漫灌系统主要由水源、动力设备和水渠组成。此法简单易行，但耗水量大，无法准确控制水量，且易破坏土壤表层物理结构，有时还会引起病害传播。

3. 喷灌

喷灌是采用水泵或水塔通过管道将水送到灌溉地段，然后再通过喷头将水喷成细小水滴或雾状进行灌溉。其优点是易实现自动控制，节约用水，灌水均匀，土壤不易板结，不但土壤湿润适度，还可降温保湿，并减少肥料流失，避免土壤盐分上升。适用于露地苗床和草坪繁殖区，园林中的花坛、草坪和地被植物。但因喷灌受风影响较大，常导致喷雾不均匀。

喷灌设备有移动式和固定式两种。移动式喷灌装置能完全自动控制喷水量、灌溉时间、灌溉次数等众多因素，使用效果好，但价格高，安装也较复杂（如图2－8）。固定式喷灌装置的价格和安装费用较低，且操作管理简单，灌溉效果也很好，应用更为普遍。

图2－8　移动式喷灌装置

喷洒器有固定式小喷嘴和孔管式等。孔管式喷洒器是直径20~40mm的管子，顶部两侧设直径0.6~1mm的喷水孔，孔管贴近地面喷洒于植物根区。喷头直径应根据需要喷洒的范围来确定，为防止喷头堵塞，需对用水进行过滤与软化，并注意防漏维修。

4. 滴灌

典型的滴灌系统由贮水池（槽）、过滤器、水泵、肥料注入器、输入管线、滴头和控制器等组成。水源为河水和井水时应设贮水池，并注意水的净化，防止滴孔堵塞。

盆花滴灌可采用滴灌管从一个主管引出分布到各个单独的花盆上。滴灌不沾湿叶片，省工省水，可防止土壤板结和病虫害发生，同时可与施肥结合起来进行，但设备材料费用高。使用时注意滴管头与植物根际保持一定距离，以免根际太湿引起腐烂，并注意灌溉水量。

5. 渗灌

将带孔的塑料管埋设在地表下 10~30cm 处，通过渗水孔后将水送到根区，借毛细管作用自下而上湿润土壤。渗灌不冲刷土壤，省水，灌水质量高，土表蒸发小，而且可降低空气湿度。缺点是土壤表层湿润差，造价高，管孔堵塞时检修困难。

6. 底面灌水

这是利用毛吸原理的灌水系统，多用于盆花的规模化生产。具体方法是在花盆底部的排水孔中插入吸水性强的纤维芯，使纤维芯的一端置于花盆的基质之中，另一端插于花盆下面设置好的水槽中，或将花盆置于吸水垫上，栽培过程保持水槽中经常有水或吸水垫经常湿润，水可以通过纤维芯不断地渗入基质中供植物吸收。

排水常设一些暗沟或暗井，以充分利用温室面积，并降低室内湿度，减少病害的发生。

七、施肥系统

在设施生产中多利用缓释性肥料和营养液施肥。营养液施肥广泛应用于无土栽培。无论采取基质栽培还是无基质栽培，都必须配备施肥系统。施肥系统可分为开放式和循环式两种，一般由贮液槽、供水泵、浓度控制器、酸碱控制器、管道系统和传感系统组成。施肥设备的配置与供液方法的确定要根据栽培基质、营养液的循环情况及栽培对象而定。

第三章　培育优质花卉植物

第一节　播种繁殖

播种繁殖由于繁殖系数高，根系强大，生长旺盛，对不良生长环境的抵抗较强，寿命比营养繁殖长，所以在花卉生产中应用广泛。

一、播种前准备

（一）整地

整地可以创造良好的土壤耕层构造和表面状态，协调水分、养分、空气、热量等关系，提高土壤肥力，为播种和花卉生长、田间管理提供良好条件。

1．整地时间及深度

一二年生露地花卉喜光照充足、疏松肥沃、排水良好的土壤。

春季播种，应在前一年秋季整地；秋季播种，应在前茬花苗出圃后立即翻耕。整地宜选晴天，土壤持水量在40%~60%时进行，以手抓一把土捏成团，在1m高处自然落下，土团摔碎为宜。一二年生花卉生长期短，根系入土浅，整地不宜过深，宜在20~30cm；宿根、球根花卉生长期长，且根系深广，整地要求较深，宜在40~50cm；草坪植物根系在土壤中分布较浅，可以适当浅一些，一般控制在10~15cm。沙土可浅些，黏土可以深一些。

2. 整地方式

整地作业包括浅耕灭茬、施基肥、翻耕、耙地、平地、镇压、作畦等。

(1) 浅耕灭茬。即用圆盘灭茬耙、旋耕机、灭茬犁等破碎根茬、疏松表土、清除杂草的作业。在作物收获后、翻耕前进行。此法能提高翻耕与播种质量。

(2) 施基肥、翻耕。先施基肥，以腐熟而细碎的堆肥或厩肥为主，亩施3 500 ~ 5 000kg，在翻耕前均匀撒在地表。然后翻起土壤将有机肥翻入土层，翻耕深度40cm。

(3) 耙地、平地、镇压。翻耕后用各种耙平整土地，一般在耕地后立即进行。耙深4 ~ 10cm。用圆盘耙、钉齿耙等耙地，有破碎土块、疏松表土、平整地面、掩埋肥料、提高地温和保蓄土壤水分等作用。要求在地表10cm深范围内没有较大的土块，整好后的地应上松下实。

(4) 作畦。整地后应随即作畦（图3 - 1）。露地花卉栽培依地区和地势不同，可分为高床、平床和低床3种。

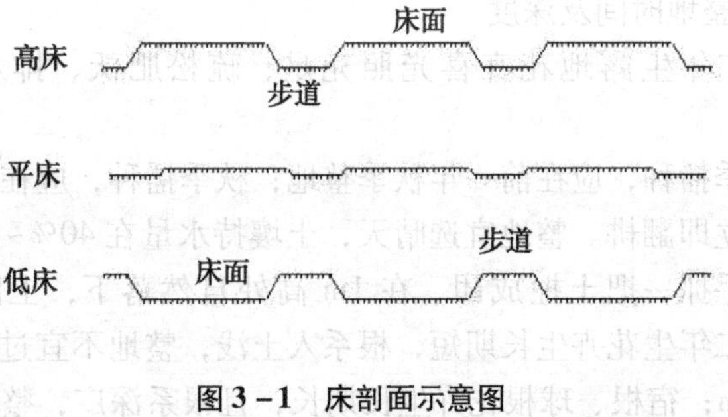

图3 - 1 床剖面示意图

①高床。床面比畦间步道高10~20cm，作床和管理比较费工，适于雨水较多、地下水位高、地势低洼地区。可用于栽培根

及根茎入药的药用植物及对水分敏感的花卉。②平床。床面与床间步道高相平，保水性好，一般在地下水位低、风势较强、土层深厚、排水良好的地区采用。③低床。床面比床间步道低 10~15cm，保水力强。一般在降雨量少和无积水的地方应用。低床多用漫灌的方法，床面易板结，雨季低床易积水。低床常用于对水分要求不严格的花卉，易干旱地区或种植喜湿性的药用植物多采用此方式。

无论高床或低床，都需整平床面。畦的宽度以 1m 左右为宜，过宽则不便于操作管理；太窄则步道增多，土地利用率减少。床面要求平整、细碎，铺一层过筛的细土后稍加镇压，用细孔喷壶浇透水。

（5）消毒。为了防治土壤传播的病虫害，土壤消毒十分必要。消毒时要戴上口罩和手套，防止药物吸入口内和接触皮肤。

生产上常用的消毒方法有：日光消毒、蒸气消毒、火烧消毒（烧灼法）、药剂处理。

（二）种子准备

1. 留种母株选择

留种母株必须选择发育优良、生长健壮、品种纯正而无病虫害的植株。为避免品种间混杂，种植时要作必要的隔离，并经常检查、鉴定、淘汰劣变植株。

2. 采收时期

采收种子要掌握好种子的成熟期和成熟度。种子成熟有早有晚，即使是同一植株的种子，也不可能同时成熟，要随熟随采，以免种子霉烂或熟透散落。要选开花早或成熟早的种子留种。这样的种子来年播种后发芽早，幼苗健壮，且开花早。

3. 采收方法

采种一般宜在晴天早晨进行，种子不易开裂且又利于晾晒。采收后要及时注明采收日期。

一般同株上的种子以主干或主枝上的种子为好。有些球根花卉，如大丽花、美人蕉、花叶芋等，应在北方下霜前及时把球根挖起，以免受冻害。

（三）种子贮藏

1. 花卉种子的寿命

（1）短命种子。保存1年以内，如非洲菊只有6个月左右。

（2）中命种子。能保存2~4年，如醉蝶花、花菱草、三色堇、万寿菊、美女樱、翠菊、雏菊、旱金莲、香豌豆、虞美人、一串红、麦秆菊、金鱼草、矢车菊。

（3）长命种子。保存5年以上，如满天星、桂竹香、荷花等。

2. 影响种子寿命的条件

（1）湿度。多数草花种子充分干燥，可以延长寿命，如飞燕草的种子在充分干燥后，密封于-15℃的条件下，18年后仍有54%的发芽率。有些植物的种子，在比较干燥的条件下，容易丧失发芽力，如牡丹、芍药、王莲等；多数花卉的种子贮藏时，相对湿度以维持在30%~60%条件下为宜。

（2）温度。低温可以抑制种子的呼吸作用、延长寿命；含水量较多的种子，在低温下容易降低发芽率；干燥种子在低温条件下，能较长期的保持生活力；在高温高湿的条件下贮藏，发芽力降低。

（3）氧气。降低氧气含量延长种子的寿命。将种子贮藏于其他气体中，可减弱氧的作用。

（4）光照。花卉种实不应长时间暴露于强烈的日光下，影响发芽力及寿命。

3. 贮藏方法

常用的贮藏方法有干藏、沙藏、水藏。

（1）干藏。大多数花卉种子都可采用此法收藏。先将种子晾干，剔除杂质，装入纱布缝制的袋内，如一串红、鸡冠花、紫茉莉等。不要装入密闭的塑料袋或玻璃瓶内，以免不透气，影响种子呼吸。将袋挂在室内阴凉通风处，保持室温 5~10℃，可贮藏几周或几个月，温度稍低些，贮藏的时间更长。

（2）沙藏。将牡丹、芍药、玉兰等种子，与湿沙按 1∶3 的比例混合放于 0~5℃的低温下沙藏。沙子含水量以“手握成团，一触即散”为宜。适于这类贮藏方法的种子在自然条件下有一段休眠期，经过休眠达到后熟。一般在春季进行播种，播种前一个月从沙中取出。

（3）水藏。有些花卉种子采收后应放于水中贮藏，如睡莲种子。水藏水温要求在 5℃左右，低于 0℃时种子会受到冻害，影响出芽。

4. 贮藏种子的管理

（1）清仓消毒。将仓库内垃圾以及化肥、农药等清除，库内铺设油毡纸等作为防潮层。熏蒸消毒，门窗紧闭 48~72 小时后，再通风 24 小时。

（2）合理堆放。在仓库中要放置在距离墙壁约 50cm、离地面有 50cm 的架台上，做好标牌，标明其位置、数量、包装等，以防混杂。

（3）适时通风。种子呼吸产生很大热量，适时通风可降温散湿。一般以“晴通雨闭雪不通，滴水成冰可以通，早开晚开午少开，夜有雾气不能开”为原则。自然通风为主，机械通风为辅。

（4）勤于检查。仓库要及时检查，在种子越夏或越冬后都要对种子的含水量和发芽率进行检验。在仓库不同部位多点设置温、湿度测量计，定人定时测量，做好记录。保证低温低湿环境，以防种子霉变或发芽率降低。

二、播种技术

直播

1. 播种时期

一年生花卉，又叫春播花卉。是指从播种到开花、结果、死亡整个生命周期在一年内完成的花卉。耐寒力不强，遇霜即枯死。通常于春季晚霜终止后播种。我国南方一般在2月下旬至3月上旬播种，北方则在4月上、中旬。

二年生花卉指需要跨越一个冬季才能完成整个生命周期的花卉。二年生花卉耐寒力较强，华东地区不加防寒保护即可安全越冬。秋播适期南北地区不同，南方较迟，在9月下旬至10月上旬；北方较早，约在9月上中旬，而在一些冬季特别寒冷的地区，二年生花卉皆春播。

另外，一些露地二年生花卉在冬季严寒到来之前、地尚未封冻时播种，一般在11月上旬进行，使种子在休眠状态下越冬，并经过春化阶段，如锦团石竹、福禄考、月见草等。还有一些直根性的二年生花卉，如飞燕草、罂粟、虞美人、矢车菊、香矢车菊、花菱草、霞草等，初冬直播在观赏地段，不用移植。如冬季未能播种，也可以在早春地面解冻约10cm深时播种，早春的低温可满足其春化的要求，但不如冬播生长好。

2. 播种方法

(1) 撒播。常用于较小或价格较低、发芽率低的种子，如翠菊、荷兰菊、金鱼草等。播种前，先将土壤整细压平，浇透水，1~2小时后再将种子均匀撒在畦地或花盆中，覆盖细土厚度以看不见种子为度。畦播的，春季最好盖上薄膜和苇帘，秋季只盖苇帘。出苗前一般不需浇水，必要时用细嘴喷壶喷水。待幼芽出土后，逐步撤去覆盖物。特别细小的种子如大岩桐、蒲包花、四季秋海棠等，应将种子与3~4倍细沙混拌在一起，撒播在花盆内，不用再覆土，用种量为300~400粒/m^2。

（2）条播。适用于中粒种子。将畦地或盆土开出浅沟，将种子播入沟中压平，其他管理与撒播相同，条播多用于不宜移栽的直根性花卉，如虞美人、牵牛花等。

（3）点播。适用于种子较大且价格较高的种子。种子可一粒粒播种，如紫茉莉、旱金莲等，覆土厚度相当于种子直径的2倍左右，用种量为100~200粒/m^2。

3. 播种步骤

（1）播前整地。已做好的苗床，播种前重新进行整理，确保床面土壤细、碎、平、实。如果苗床土壤过于干旱，可在播前1~2天浇1次透水。

（2）播种。露地草本花卉的种子多为细粒种子，宜用撒播或宽幅条播（深约1.5cm）播种，牵牛、茑萝、香豌豆等多采用点播。小粒种子为了撒播均匀，通常在种子中拌入3~5倍的细沙。播前最好先施些过磷酸钙，以促进根系强大、幼苗健壮（图3－2）。为使种子与苗床表土密切接触，可先用水淋湿苗床（图3－3）。

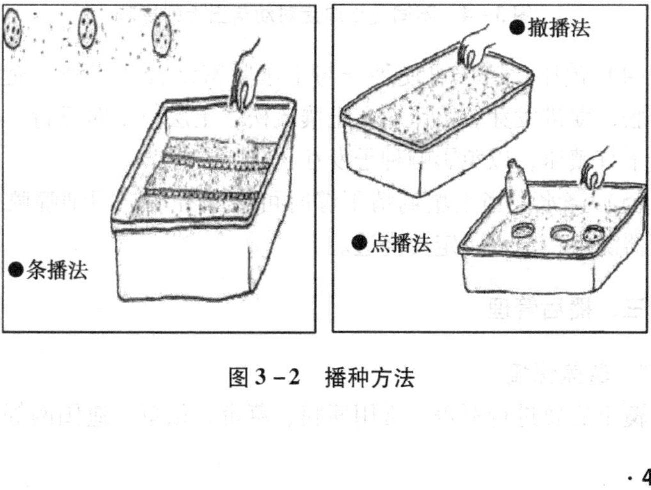

图3－2　播种方法

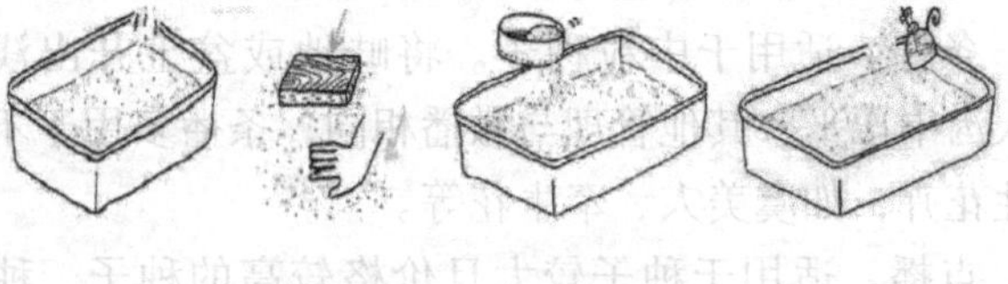

图 3－3　播种程序

（3）覆土。播后及时覆土，覆土厚度为种子直径的 2~4 倍。一些极细小的种子如秋海棠类、大岩桐、珍珠梅、非洲紫罗兰、蒲包花、部分仙人掌类种子可以不覆土或覆薄薄一层，最好用肥沃、疏松又经过过筛的细土覆盖于苗床表面，以看不见种子为度（图 3－4）。

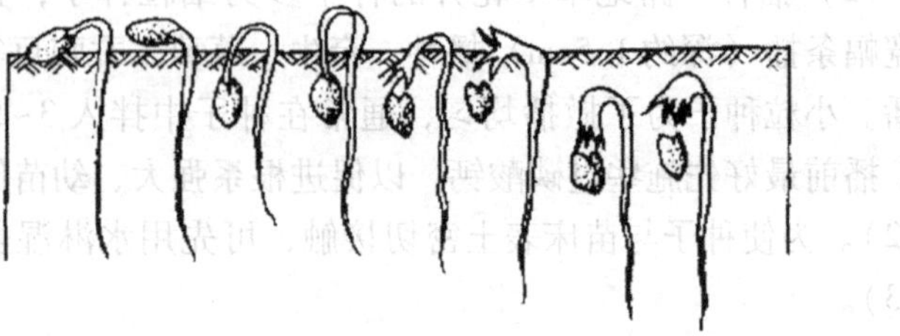

图 3－4　不同覆土厚度对幼苗出土的影响

（4）镇压。镇压可使种子与土壤紧密结合，使种子充分吸水膨胀，促进发芽。镇压应在土壤疏松、土层较干时进行，土壤黏重不宜镇压，以免影响种子发芽。

（5）浇水。当土壤墒情不够时可浇水补墒，用细嘴喷壶或喷雾器浇水，浇水一定要浇透。

三、播后管理

1. 覆盖保墒

覆土后要进行覆盖。常用薄膜、草帘、稻草、遮阳网等材料覆盖，以保持苗床土壤湿度，防止雨淋及调节温度。用稻草、麦秆等覆盖费工费料，还易滋生杂草和病害，现多用薄膜、遮阳网等覆盖。有些花卉如仙客来、福禄考等在黑暗的条件下才能萌发，要深度覆盖；有些花卉如万寿菊等，在有光的条件下幼根不能深入基质，覆盖有利于幼苗根系生长。

2. 灌水

播种前营养土应灌足底水，出苗前不需要灌水。播种后保持土壤湿润，若种子发芽期较长，当地表稍干时，应用细孔喷壶喷水或喷雾器喷雾灌溉，避免直接用大水喷灌，以免冲动种子和土壤板结。

3. 撤除覆盖物

种子发芽出土时，薄膜覆盖的先两头通风 2~3 天后，再撤去覆盖物；稻草等覆盖的或撒播的应及时撤除覆盖物；点播或条播的应先将覆盖物移至行间，幼苗出齐后撤除覆盖物，防止影响幼苗生长。

四、苗期管理

1. 遮阳、降温保墒

春播后 7~10 天、秋播后约 5 天，当大部分种子已萌芽出苗时，可揭去覆盖物，揭后次日如光照强烈，要遮阳 1~2 天，保持适宜的土壤湿度，减少水分蒸发，也可降温保墒。遮阳可用苇帘等设置活动荫棚，荫棚高 40~100cm，透光度 50%~80%，于上午 9 时至下午 4 时放帘遮阳，早晚弱光时间或阴天可将帘子卷起。

2. 间苗补苗

（1）间苗。间苗分 2~3 次进行，第 1 次间苗在出齐苗时进行，每墩苗留 2~3 株，其余拔掉。第 2 次间苗也叫定苗，当幼苗有 3~4 片真叶时（或 3~5cm 高时）进行，除准备成丛培养的草花外，留1株壮苗。间苗后苗床浇透水。定苗后幼苗密度为40～1 000株/m^2。

每次间苗量不宜过大，选优去劣，即选留强健苗，去除畸形苗、弱苗和徒长苗、过密苗，并拔除其他苗和杂草。间苗要细心操作，不可伤及其他苗。

间苗常用于直播的一二年生花卉以及不适于移植而必须直播的种类。播种过密或为预防病虫害发生，也常进行间苗。间苗费时费力，可以通过选种和播种，确定适当的播种量，使幼苗分布均匀，达到不用间苗或少间苗的目的。

（2）补苗。间出的小苗可用于补苗，也可以移栽别处。补苗时期越早越好，成活率高。补苗最好在阴雨天或下午4时以后进行，以减少强阳光的照射，防止萎蔫。必要时补苗后遮阳，可提高成活率。补苗后浇透水，以保证小苗对水分的需求。

有时为了便于播种地管理，节约人力、物力，采取集中播种的办法，待小苗长到3～4片真叶时，全部挖出，按株行距大小移栽。

3. 蹲苗

蹲苗的作用是"锻炼"幼苗，促使植株生长健壮，提高后期抗逆、抗倒伏能力，协调营养生长和生殖生长。

（1）蹲苗方法。主要有3种。

①控制肥水。使植株节间趋于粗短壮实而根系发达。②中耕。可切断土壤毛管水，使表层土壤疏松干燥，利于根系向纵深伸长；由于中耕切断了部分侧根，降低了植株吸氮和氮的代谢水平，使体内的碳水化合物积累增多，也有利于植株生长健壮，控制徒长。③扒土晒根。可抑制植物生长，提高地温。

（2）蹲苗时期。一般在幼苗期进行。

（3）蹲苗时间。蹲苗时间随气候、土壤水分、肥力以及作物的种类、长相长势等而不同。蹲苗时间过长，会抑制植株的正常生长，影响生殖器官的分化；时间过短，则达不到预期的效果。

4. 移栽

露地花卉中除了不宜移植而必须直播的花卉外，大多要经过移栽这一环节。移栽有裸根移栽和带土移栽两种。裸根移栽主要用于小苗和易成活的大苗，带土移栽主要用于大苗。

（1）移植时期。以幼苗具有3~4片真叶时最为适宜，移植应选在无风的阴天，此时幼苗水分蒸腾量低。天气炎热时应于午后或傍晚日照不过于强烈时进行，应边栽植边喷水，以保持湿润，防止萎蔫，待一畦全部栽植完后灌水，降雨前移植成活率更高，幼苗生长亦良好。带土移植，即使在炎热的天气亦可进行。移植时土壤不宜过湿或过干，过湿会使土壤黏重；过干不便于工作，也不能保持根的湿润状态。

（2）移栽。移栽包括起苗和栽植两个步骤。

①起苗。起苗在土壤湿润时进行，如天气干旱土壤干燥，应在起苗前1~2天灌水。裸根移植的苗，用手铲将苗带土掘起，将根系附着的土块轻轻抖落，勿将细根拉断或使受伤，随即栽植，以免细根干缩，影响成活。带土移植的苗，先将苗四周铲开，从侧下方将苗掘出，保持完整的土球。起出的花苗可适当修剪，摘除一部分叶片，以减少水分蒸发。如果情况允许，将挖出的花苗分级，便于以后管理。

②栽植。栽植方法有沟植法与穴植法。沟植法是依一定的行距开沟栽植；穴植法即依一定的株行距掘穴或以移植器打孔栽植。裸根移植时应将根系舒展于穴中，勿使蜷曲，然后覆土镇压。镇压时压力应均匀向下，不应用力按压茎的基部，以免压伤苗。带土球的苗栽植时，填土于土球四周并稍加镇压，但不能镇压土球，以避免将土球压碎，影响成活和恢复生长。栽植深度应与移栽前深度相同。如定植于松软土壤中，为了防止干燥可稍栽

深些。栽植完毕后，充分灌水，新根尚未生出前，亦不可灌水过多，否则根部易腐烂。移植后应遮住强烈日光，以利恢复生长。

（3）移栽密度。移栽时，幼苗株距为15~25cm。在幼苗具有10~20片真叶或苗高15cm时定植，定植后必须浇足“定根水”。一般一二年生花卉株距30~40cm。

（4）移栽后管理。第1次移栽都是裸根移植，边掘苗、边栽植、边浇水，以免幼苗萎蔫。幼苗移栽后立即浇1次透水（可用细喷壶充分灌水，定植大苗常用畦面漫灌），3~4天后缓苗。高温干旱时，需边栽边浇水。第1次充分灌水后，在新根未发前不要过多灌水，否则容易烂根。夏季，移植数日内应适当遮阳，待恢复生长后再撤除。

思考题

1. 播种前花卉种子处理的方法有哪些？
2. 某苗圃播种后出苗率很低，请分析可能是什么原因？
3. 如何获得优质壮苗？欲使鸡冠花在国庆节开花，应在什么时间播种？
4. 某苗圃需要繁殖10万盆万寿菊，需要购买多少种子？（假设种子发芽率为80%）

第二节　扦插与压条繁殖

一、扦插技术

扦插繁殖为无性繁殖，其以植物营养器官的一部分如根、茎、叶插入基质，利用植物的再生能力，使这部分营养器官在脱离母体的情况下，长出一个完整植株的方法。扦插繁殖的植株比播种苗生长快，开花时间早，繁殖容易，能保持原品种的特性。

不易产生种子的花卉多采用这种繁殖方法。但扦插苗无主根，根系较弱、浅。

（一）扦插时期

在花卉繁殖中，以生长期扦插为主，在温室条件下，不论草本或木本花卉均可随时进行，但依花卉的种类不同，各有其最适时期。一些宿根花卉，从春季发芽后至秋季停长之前均可进行，在露地苗床或冷床中进行时，最适时期在夏季7~8月雨季。多年生花卉作一二年生栽培的种类，如一串红、金鱼草、美女樱、藿香蓟等，为保持优良性状，也采取扦插繁殖。多数木本花卉宜在雨季扦插，此时空气湿度较大，插条叶片不易萎蔫，有利于成活。

（二）扦插生根的环境条件

1. 温度

花卉种类不同，要求不同的扦插温度。多数花卉的软枝扦插宜在20~25℃进行，热带植物可在25~30℃以上，耐寒性花卉可稍低。基质温度（地温）需稍高于气温3~6℃，可促进根的发生。气温低抑制枝叶的生长。

2. 湿度

插穗在湿润的基质中才能生根，不同的植物要求的基质含水量不同，通常以50%~60%为宜。水分过多，常使插穗腐烂。扦插初期，水分较多则愈伤组织易形成，愈伤组织形成后应减少水分。为避免插穗枝叶中水分的过分蒸腾，要求保持较高的空气湿度，通常以80%~90%为宜。

3. 光照

软枝扦插的插条一般都带有顶芽和叶片，可在日光下进行光合作用，产生生长素促进生根，但光照不能太强。因此，扦插初期应适度遮阳。试验表明，夜间增加光照有利于插穗成活，可在插床上面安装电灯，增加夜间照明。日光灯光度较强，温度低，更适于扦插。

4. 氧气

当愈合组织及新根发生时，呼吸作用增强，要求扦插基质具备供氧的有利条件。理想的扦插基质既能经常保持湿润，又通气良好，可用河沙、泥炭和其他轻松土壤作扦插基质。扦插不宜过深，越深则氧气越少。

（三）促进扦插生根的方法

花卉种类不同，对各种处理反应也不同。同种花卉的不同品种，对药剂的反应也不同，这是由于年龄不同、枝条发育阶段不一、母株的营养条件及扦插时期等也有差异。促进扦插生根的方法主要有以下几种。

1. 药剂处理法

（1）植物生长素处理。用于茎插效果显著，但对根插和叶插效果不明显，处理后常抑制不定芽的发生。常用的生长激素如吲哚乙酸、吲哚丁酸和萘乙酸等。常用粉剂处理或液剂处理。

①粉剂处理。多以滑石粉为基质，吲哚乙酸（LAA）、吲哚丁酸（IBA）和萘乙酸（NAA）均不易溶于水，应先溶于95%的酒精，然后调在滑石粉内，充分搅拌，再摊在瓷缸里，在黑暗中晾干，磨成细粉末，即可使用。生长素用量因扦插种类及扦插材料而异，容易生根的插穗，浓度为500～2 000mg/kg；生根较难的插穗，浓度掌握在10 000～20 000mg/kg。将插穗基部蘸上粉末，再进行扦插。

②液剂处理。将吲哚乙酸、吲哚丁酸或萘乙酸粉剂倒入酒精中，溶解后稀释到适当浓度浸泡。用水溶液调制易失效，应现用现配。浸泡浓度和时间：软枝扦插用40～100mL/L浸泡6～8小时；硬枝扦插用80～150mL/L浸泡12小时；草本植物扦插用10～20mL/L浸泡12小时。酒精液剂可制成浓缩溶液，如吲哚丁酸50%酒精溶剂，浓度可达4 000～10 000mL/L，将插穗浸入

1~2 秒，取出即可扦插。

（2）高锰酸钾。多用于木本植物。一般浓度在 0.1%~1.0%，浸 24 小时。

（3）蔗糖。可用于木本和草本植物。使用浓度草本花卉为 2%~5%，木本花卉为 5%~10%。将插条基部 2cm 浸入上述溶液中 24 小时后取出，用清水将插条外部沾着的糖液冲洗干净即可扦插。

2. 物理处理方法

物理处理的方法很多，如提高地温、喷雾处理、环剥、软化处理、电流处理、超声波处理、热水处理等。

（1）环剥。用于较难生根的木本植物。剪取插穗前 20 天，在准备作插穗的枝条基部环剥，宽为直径的 1/10，环剥时要割断枝条的内外皮层，但不要割伤木质部，使养分积累于插穗的上端，有利于插穗生出不定根。扦插前在环剥处剪切，极易成活。

（2）软化处理。用于一部分木本植物。扦插前 1 个月，用黑纸或黑薄膜、泥土等将枝条包起来，使其在黑暗中生长。枝条内所含的营养物质因缺乏光照而发生改变，从而促进根原细胞的发育而延缓芽组织的发育，扦插后容易生根。扦插前自遮光部分剪下。

（3）增加地温。冬季和早春扦插花木，常因地温低而造成生根困难，可人为提高插穗下端生根部位的温度，同时喷水通风降低上芽环境温度，促进生根。可采用铺地膜、使用电热温床或施用厩肥发酵生热来提高温度。

此外，喷雾处理等也可大大促进扦插生根。

（四）扦插前准备

1. 插穗的选择

（1）硬枝插。在秋季落叶后或来年春季萌芽前，采集生长势旺盛、节间短而粗壮、无病虫害的枝条，截取中段有饱满芽的部分，剪成含有3~5芽、10cm左右长的小段，上剪口在芽上方1cm左右，下剪口在基部芽下0.5cm左右，并削成斜面。

（2）绿枝插。花谢后1周左右，选取腋芽饱满、叶片发育正常、无病虫害的枝条，剪取10cm左右长半木质化的小段，上剪口在芽上方1cm左右处，下剪口在基部芽下0.5cm左右处，切面要平滑。枝条上部保留2~4个叶片，以利用其光合作用制造营养，促进生根。

（3）嫩枝插。在生长旺盛期，大多数草本花卉生长快，剪取10cm长度幼嫩茎尖直接扦插。

2. 扦插基质选择

根据扦插基质分为壤插、水插、气插（喷雾扦插）。壤插最为普遍。

（1）壤插。一般植物以珍珠岩、泥炭、黄沙按1∶1∶1的比例较适合。用作扦插的材料，应具有保温、保湿、疏松、透气、洁净的特点，酸碱度呈中性，成本低，便于运输。

①蛭石。疏松透气，保水性好，酸碱度呈微酸性。适宜木本、草本花卉扦插。②珍珠岩。疏松透气，质地轻，保温保水性好，仅一次使用。长时间易滋生病菌，颗粒变小，透气差，酸碱度呈中性。适宜木本花卉扦插。③砻糠灰。由稻壳炭化而成，疏松透气，保湿性好，黑灰色吸热性好，经高温炭化不含病菌，新炭化材料呈碱性。适宜草本花卉扦插。④沙。取河床中的冲积沙。其质地重，疏松透气，不含病虫菌，酸碱度呈中性，适宜草本花卉扦插。

（2）水插。以水作基质，插穗入水1~2cm。经常换水，保持清洁。水插的根较脆，一般根长2~3cm时移植。常用植物有栀子、绿萝、夹竹桃等。

（3）气插（喷雾扦插）。也称无机质扦插。适用于皮部生根的植物。

（五）扦插类型及方法

1. 叶插

叶插常用于草本植物，在叶脉、叶柄、叶缘等处产生不定根和不定芽，从而形成新的植株。凡能进行叶插的花卉，大都具有粗壮的叶柄、叶脉或肥厚的叶片。叶插多在生长期进行，根据叶片的完整程度又分全叶插和片叶插两种。

（1）全叶插。以完整的叶片为插穗。依扦插位置分为平置法和直插法。

①平置法。切去叶柄，将叶片平铺沙面上，用铁针或竹针固定于沙面上，下面与沙面紧接。如落地生根从叶缘处产生幼小植株；秋海棠从叶片基部或叶脉处生出植株；蟆叶秋海棠叶片较大，可在各粗壮叶脉上用小刀切断，在切断处发生幼小植株（图3－5）。

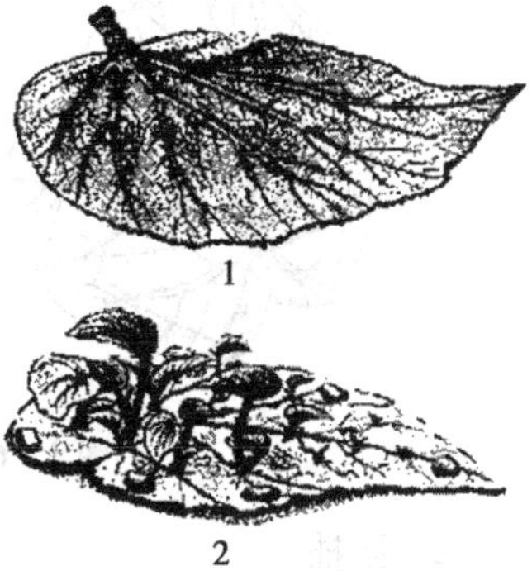

图3－5　全叶插（平置法）

1. 刻伤叶脉　2. 生出新株

②直插法，也叫叶柄插法。将叶柄插入沙中，（平置法）叶柄基部就发生不定芽。过大或过长的叶片可适当剪短或沿叶缘剪除部分，使叶片容易固定，也可减少叶片水分蒸发，有利于叶柄生根。全叶插在室温20～25℃条件下，秋海棠科植物一般25～30天愈合生根，到长出小植物需50～60天，个别种类需70～100天；苦苣苔科植物扦插至生根需10～25天；胡椒科植物插后15～20天愈合生根，30天后长出小植物。若用0.01%吲哚丁酸溶液处理叶柄1～2秒，可提早生根。

（2）片叶插。将一个叶片分切成数块，分别扦插，每块叶片均可形成不定芽。如虎尾兰属的虎尾兰、短叶虎尾兰、蟆叶秋海棠等，在室温20~25℃条件下，虎尾兰可剪成5cm长的小段，插后约30天生根，50天长出不定芽；蟆叶秋海棠可将全叶带叶脉剪成4~5小片，使每块上都有一条主脉，再剪去叶缘较薄的部分，将下端插入沙中，叶脉基部可发生幼小植株，插后5~30天生根，60~70天长出小植物；大岩桐也可用片叶插，在各对侧脉下方自主脉处切开，再切去叶脉下方较薄部分，分别把每块叶片下端插入沙中，主脉下端就可生出幼小植株（图3－6）。

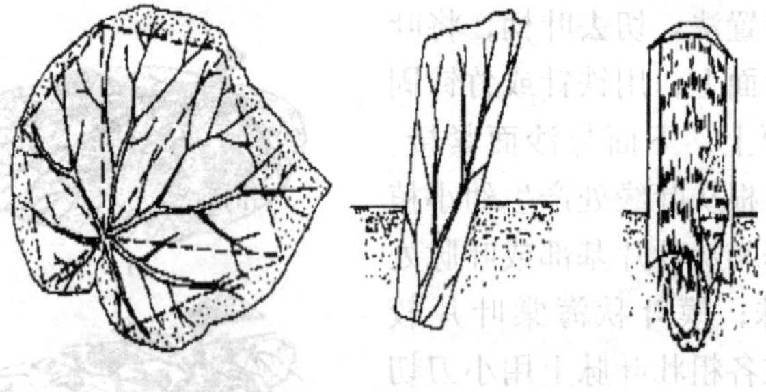

图3－6　花卉的片叶插

2. 茎插

常见的扦插方法有芽叶法扦插、硬枝扦插、嫩枝扦插、肉质茎扦插和草质茎扦插。

（1）芽叶插。即插穗仅有一芽附一片叶，芽下部带有盾形茎部，或用完整叶片带腋芽的短茎作扦插材料。插时仅露芽尖。插后最好盖玻璃罩等物，防止水分过量蒸发。不易产生不定芽的种类宜采用此法，如（图3－7）山茶花、常春藤、天竺葵、橡皮树、虎尾兰、龟背竹、绿萝、菊花、八仙花、宿根福禄考等。常在春、秋季扦插，成活率高，草本植物比木本植物生根快。

（2）硬枝扦插。常用于落叶灌木，如月季。待冬季落叶后剪取当年生枝条作插穗。枝条长10cm，有3~4个芽，上端在芽上方1cm左右，下端在芽的下方近节部约0.3cm处，并削成斜

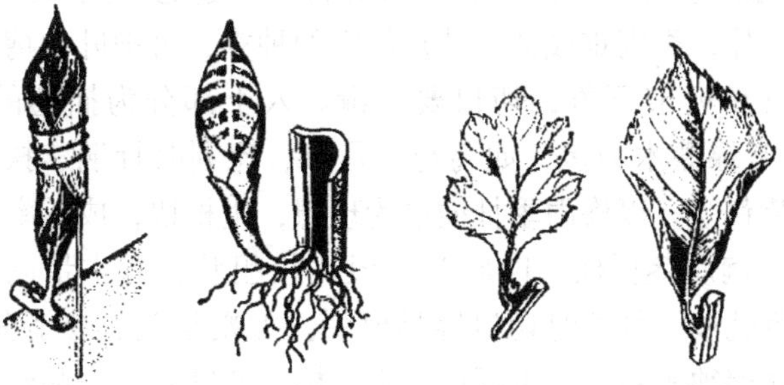

图 3－7　花卉的芽叶插

面，切口要平滑，将扦插基质开沟把插穗斜埋于基质中成垄形，露出顶部芽，喷水压实。扦插难于成活的花卉可用带踵插、锤形插、泥球插等，适用于木本花卉紫荆、海棠类。有条件的可在温室内扦插，或将插穗沙藏，于翌年春季扦插。硬枝扦插多用于园林树木育苗（图3－8、图3－9）。

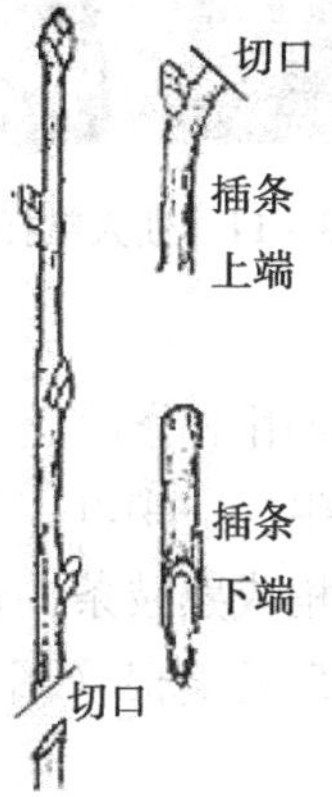

图 3－8　悬铃木的硬枝插穗剪截示意图

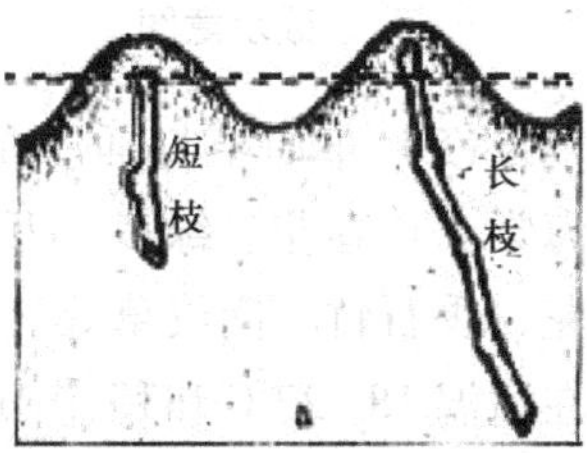

图 3－9　硬枝扦插示意图

（3）嫩枝扦插。用半木质化的当年生嫩枝作插穗，长 5～

10cm，组织老熟适中，过于柔嫩易腐烂，过老则生根缓慢。保留部分叶片，否则难成活。叶片较大的种类，可把叶片剪掉一部分，切口靠近节下方，切口要平滑。入土部分为插穗的1/3~1/2。以常绿灌木为多，如菊花、月季、比利时杜鹃、扶桑、龙船花、茉莉等。以梅雨季扦插最为理想，生根快，成活率高。

（4）肉质茎扦插。肉质茎一般比较粗壮，含水量高，有的富含白色乳液，扦插时切口容易腐烂。如蟹爪兰、令箭荷花等，剪下的插穗须先晾干后再扦插。而垂榕、变叶木、一品红等插条切口会外流乳汁，必须将乳液洗净或凝固后再扦插（图3－10、图3－11）。

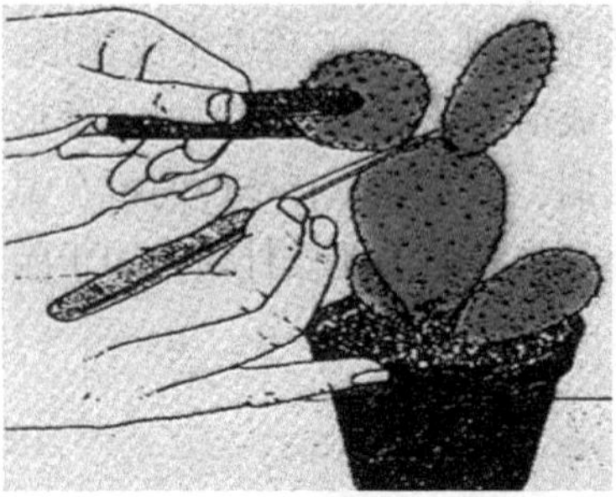

图3－10　仙人掌插穗剪截示意图

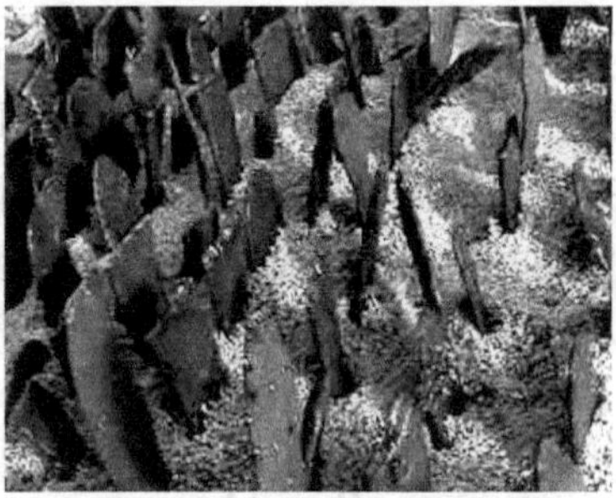

图3－11　仙人掌扦插示意图

（5）草质茎扦插。在盆栽花卉中应用十分广泛，如四季秋海棠、长春花、绿萝、万年青类、矮牵牛、一串红、万寿菊、菊花、香石竹、网纹草等。剪取较健壮、稍成熟枝条，长5~10cm，在适温18~22℃和稍遮阳条件下，5~15天生根（图3－12、图3－13）。

3. 根插

可用根插的花卉大多具有粗壮的根，粗度不应小于2mm，其含营养物质多，也易成活。晚秋或早春均可根插，也可在秋季掘

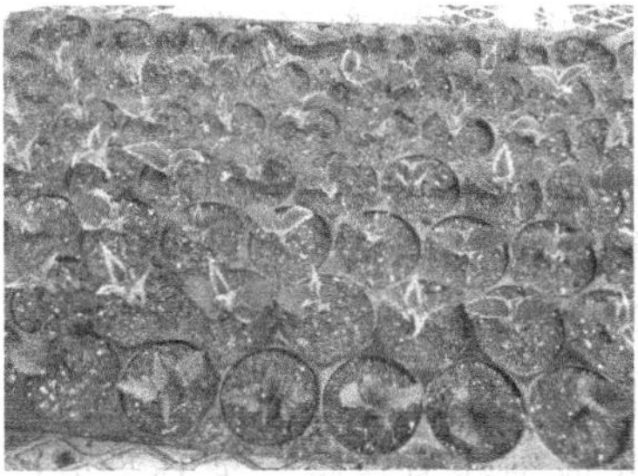

图 3－12　彩叶草扦插示意图

图 3－13　银边铁 半软材料扦插生根示意图

起母株，贮藏根系过冬，至来年春季扦插。可进行根插的花卉有萱草、牛舌草、秋牡丹、灯罩风铃草、肥皂草、毛蕊花、白绒毛、矢车菊、剪秋萝、宿根福禄考、文冠果、无花果等，可在温室或温床中进行。方法是：用直径 0.2～1cm 的根截成 3～5cm 长的根穗，斜插或水平插于沙床中，促使长出不定根和不定芽，覆土（沙）约 1cm 厚。直插时扦插深度以上部稍露出土面为宜，保持湿润，生出不定芽之后移植（图 3－14）。

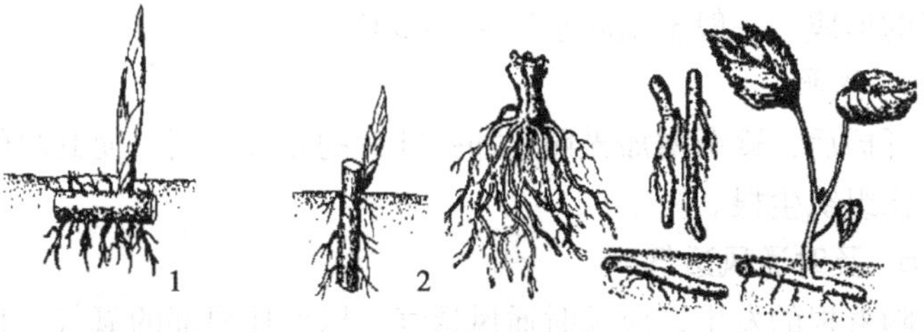

图 3－14　根插

1. 平插　2. 直插

还有一些花卉，根部粗大或带肉质，如芍药、补血草、勿忘我、荷包牡丹、博落回、霞草等，可剪成 3～8cm 长的根段，垂直插入土中，上端稍露出土面，待生出不定芽后进行移植。

4. 鳞片扦插

在盆花栽培中，如百合、朱顶红、风信子、黄水仙等也用鳞片扦插。选择健壮、充实、无病鳞茎，剥去外层过分老熟的鳞片，留下幼嫩的中心部分，取中部鳞片用0.1%升汞溶液消毒，每片鳞片则带基盘。扦插前最好用0.005%萘乙酸溶液处理1~2秒，插植或撒播于苗床中，以泥炭或细沙为基质，在18~20℃下，保持湿润，当年鳞片基部就可生根，并形成小鳞茎。

（六）插后管理

1. 遮阳防晒

扦插后可用竹、木做棚架，棚架高1.2~1.5m，架上搭些带叶树杈遮阳，遮阳网效果更好。

2. 保湿

较高的空气湿度扦插初期，需90%的相对湿度，可用间歇喷雾的方法增加湿度。

3. 土温高于气温

搭盖小拱棚，调节土壤墒情，提高土温，促进插穗基部愈伤组织的形成。一般土温高于气温3~5℃。

4. 光照

扦插后，逐渐增加光照，加强叶片的光合作用，使其尽快产生愈伤组织生根。

5. 及时通风透气

随着根的发生，应及时通风透气，以增加根部的氧气，促进生根快且多。

6. 肥水管理

视天气与土壤、介质等情况喷水保湿。待芽梢长20~30cm时，揭开地膜和遮阳网，追施壮苗肥。

7. 松土、除草、防治病虫害

幼苗期主要害虫是蚜虫、叶蝉等，可用25%甲胺磷乳油1 000 ~ 1 500倍液喷雾。

二、压条

有些用扦插方法繁殖难以生根的植物或珍贵品种可采用压条的方法繁殖。压条能保存母本优良性状；操作技术简便，不切离母体成活率高；繁殖系数小。常用方法有普通压条、水平压条、波状压条及堆土压条、高空压条等方法。

（一）低压法

1. 普通压条法

适用于枝条离地面比较近而又易于弯曲的树种，如迎春、木兰、大叶黄杨等（图3－15）。

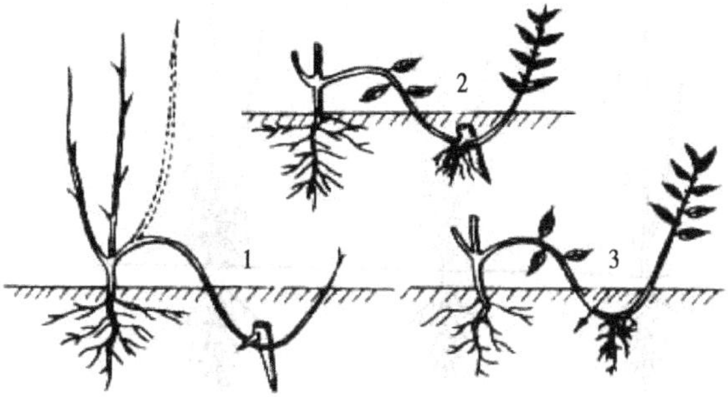

图3－15　普通压条

1. 刻伤曲枝　2. 压条　3. 分株

2. 波状压条法

适用于枝条长而柔软或蔓性树种，如紫藤、荔枝、葡萄、常春藤等（图3－16）。

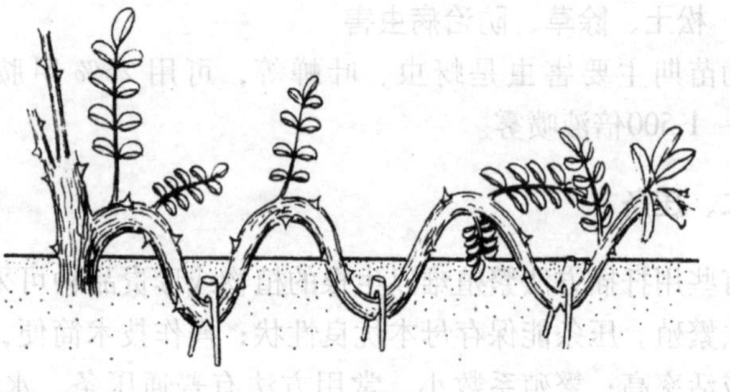

图 3－16　波状压条

3. 水平压条法

适用于枝长且易生根的树种，如连翘、紫藤、葡萄、龟背竹、羽裂蔓绿绒等（图 3－17）。

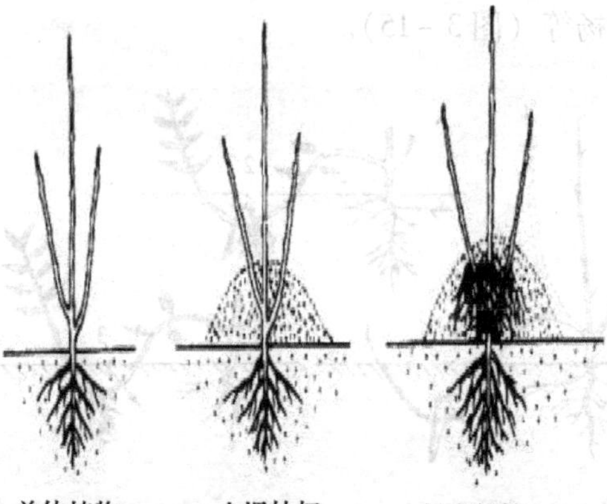

图 3－17　水平压条

4. 堆土压条法

也叫直立压条法。适用于丛生性和根蘖性强的树种，如杜鹃、木兰、贴梗海棠、八仙花、蜡梅、茉莉等（图 3－18）。

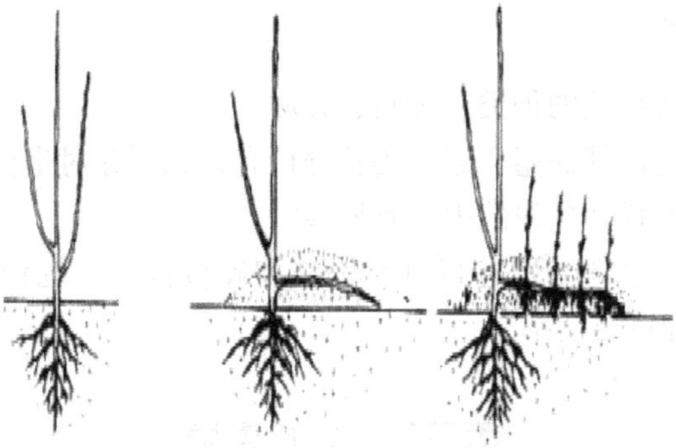

图 3－18　乔木直立压条

（二）高压法

高压法也叫空中压条法。凡是枝条坚硬不易弯曲或树冠太高枝条不能弯到地面的树枝，可采用高压繁殖，如山茶花、扶桑、比利时杜鹃、月季、变叶木、鹅掌柴等（图 3－19）。

图 3－19 高空压条

1. 环状剥皮、套袋　2. 填土、扎缚、生根后切割脱离母体

3. 多个部位高空压条

思考题

1. 简述扦插的种类、时间、方法。
2. 如何选择插穗？通过实验分析有、无顶芽对生根的影响。
3. 影响扦插生根的因素有哪些？
4. 结合生产分别进行月季嫩枝和硬枝扦插，统计扦插后生根情况，计算成活率。

第三节　嫁接繁殖

一、嫁接的理论基础

（一）嫁接的作用

嫁接能保持品种的优良性状；能提高特殊种类的成活率，如仙人掌类的黄、红、粉色品种只有嫁接在绿色砧木上才能生长良好；能提高原有观赏植物的株型。如用黄蒿作砧木可培育出高达5m 的塔菊，开出 5 000多朵花；能增强接穗品种的抗性、适应性；能克服不易繁殖的缺陷。很多优良的园林植物，难以进行有性繁殖，而通过扦插等无性繁殖手段又难以成活，嫁接就成为其主要的、甚至是唯一的繁殖手段；能提早开花结果。

（二）嫁接时期

1. 草本花卉嫁接

草本花卉嫁接宜选择植株生长旺盛、温暖的春季，在阴天无风时进行。温度太低或过高，都会影响成活。适宜的嫁接期，可减少接穗蒸腾失水，维持砧、穗水分平衡，促进愈伤组织的形成。

2. 木本花卉嫁接

（1）春季嫁接。春季是枝接的最适时期，一般在早春树液开始流动，芽尚未萌动时为宜。常绿树在早春选未萌芽的枝条作接穗。如接穗芽已萌发，会影响成活率。春季嫁接，由于气温低，接穗水分平衡较好，易成活。大部分植物适于春季嫁接。

（2）夏季嫁接。夏季是嫩枝接和芽接的适宜期，以5~7月为宜，尤以5月中旬至6月中旬最为适宜。此时，砧木、接穗皮层较易剥离，愈合组织形成和增殖快，利于愈合。大部分草本植物及一些常绿木本植物如山茶、杜鹃等适于此时嫁接。

（3）秋季嫁接。秋季也是芽接的适宜时期，从8月中旬至10月上旬均可。这时新梢充实，养分贮存多，芽充实，也是树液流动、形成层活动的旺盛时期。嫁接应视砧木、接穗的状态决定嫁接时期，还应注意短期的天气条件，如雨后树液流动旺盛，比长期干旱后嫁接易成活，阴天无风比干晴、大风天气易成活。

（三）影响嫁接成活的因素

1. 砧木和接穗的亲和力

亲和力就是接穗与砧木经嫁接而能愈合生长的能力。嫁接亲和力是嫁接成活的最基本条件。砧木和接穗必须具备一定的亲和力。亲和力高，嫁接成活率也高，反之嫁接成活的可能性越小。亲和力的强弱与砧、穗亲缘关系的远近有关。亲缘关系越近，亲和力越强。所以，品种间嫁接最易接活，种间次之，不同属之间再次之，不同科之间则较困难。

2. 砧木、接穗的生活力

愈伤组织的形成与植物种类和砧、穗的生活力有关。砧、穗生长健壮，营养器官发育充实，体内营养物质丰富，形成层细胞分裂最活跃，嫁接容易成活。所以，砧木要选择生长健壮、发育良好的植株，接穗要从健壮母树的树冠外围选择发育充实的枝条。

3. 愈伤组织生长情况

愈伤组织生长的速度和数量直接影响接穗的成活。如愈伤组织生长缓慢，接穗在砧、穗的愈伤组织连接前就已萌发或已失水干枯则嫁接不能成活。愈伤组织的形成同植物种类、环境条件、砧穗形成层是否紧密对接等有关。草本植物由于其愈伤组织形成迅速，嫁接较易成活。

4. 外界条件对嫁接成活的影响

（1）温度。温度对愈伤组织形成的快慢和嫁接成活有很大关系。在适宜的温度下，愈伤组织形成最快且易成活，温度过高或过低，都不适宜愈伤组织的形成。一般在25℃左右最适宜，但不同物候期的植物对温度的要求也不一样。物候期早的比物候期迟的适温要低，如桃、杏在20~25℃最适宜，而山茶则在26~30℃最适宜。春季进行枝接时，安排各树种嫁接的次序，主要以此来确定。

（2）湿度。湿度对嫁接成活的影响很大。一方面嫁接愈伤组织的形成需具有一定的湿度条件；另一方面，保持接穗的活力也需一定的空气湿度。天气干燥则会影响愈伤组织的形成和造成接穗失水干枯。土壤湿度、地下水的供给也很重要。嫁接时，如土壤干旱，应先灌水增加土壤湿度。

（3）光照。光照对愈伤组织的形成和生长有明显抑制作用。在黑暗的条件下，有利于愈伤组织的形成，因此，嫁接后一定要遮光。低接可用土埋，既保湿又遮光。此外，通气对愈合成活也有一定影响。给予一定的通气条件，可以满足砧木与接穗接合部形成层细胞呼吸作用所需的氧气。

5. 嫁接技术对嫁接成活的影响

熟练的嫁接技术和锋利的接刀，是嫁接成功的基本条件。嫁接技术要求做到4个字。

快——削砧木和接穗动作要快，嫁接绑缚要迅速。嫁接速度快而熟练，可避免削面风干或氧化变色，从而提高成活率；绑缚迅速，减少砧穗水分的蒸发。

齐——接穗和砧木形成层要对齐，这是嫁接成活的关键。同时，接穗和砧木间组织接合面愈大，两者的输导组织愈易沟通，成活率就愈高；反之，成活率就愈低。

平——削口表面要平整光滑，以利砧木与接穗密接，促进伤口尽早愈合。如果接穗削面不平滑，嫁接后接穗和砧木之间的缝隙就大，需要填充的愈伤组织就多，就不易愈合。因此，削接穗的刀要锋利，削时要做到平滑。

紧——接穗与砧木要绑紧，防止透风渗水，以利保温保湿。

（四）砧木、接穗的选择

1. 砧木的选择

性状优异的砧木是培育优良园林树木的重要环节。选择砧木应遵循的条件：与接穗亲和力强；对接穗的生长和开花有良好的影响，生长健壮、花艳、寿命长；对栽培地区的环境条件有较强的适应性；容易繁殖；对病虫害抵抗力强。

2. 接穗的选择

接穗应选自一年生枝条，从性状优良、生长健壮、观赏价值或经济价值高、无病虫害的植株上采取；枝条要求生长健壮充实、芽体饱满，取枝条的中间部分，过嫩、过老都不行；春季嫁接多用二年生枝，生长期芽接和嫩枝接采用当年生枝。

二、嫁接方法

（一）切接

一般在春季3~4月进行。适用于砧木较接穗粗的情况，根茎接、靠接、高接均可。将砧木离地10~12cm处水平截去上部，在横切面一侧用嫁接刀纵向下切约2cm，稍带木质部，露出形成层。截取接穗5~8cm的小段，上有2~3个芽，下部削成正面2cm左右的斜面，反面再削一短斜面，长为对侧的1/4~1/3，切口要平滑。插入砧木，使它们形成层相互对齐。若接穗较砧木细小时，使接穗形成层的一侧与砧木形成层的一侧对齐即可。插放后用麻线或塑料膜带扎紧（图 3－20）。

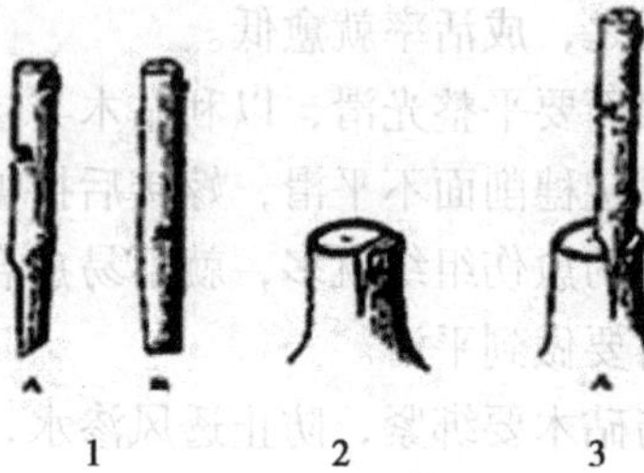

图 3－20　切接

1. 削接穗　2. 稍带木质部纵切砧木　3. 砧穗结合

（二）劈接

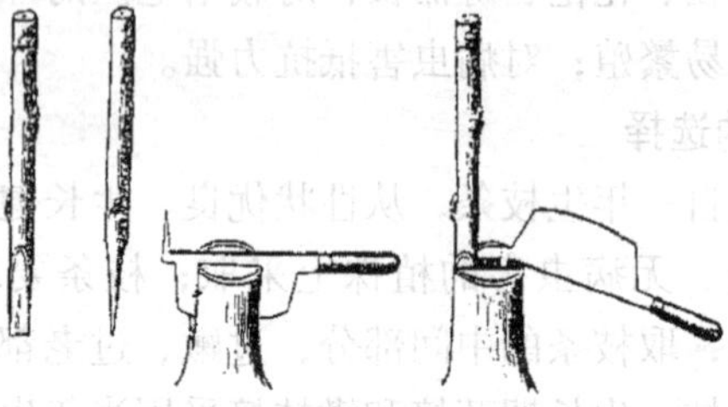

图 3－21　劈接

1. 削接穗　2. 劈砧木　3. 插入接穗

常用于较大的砧木，一般在春季 3~4 月进行。将砧木上部截去，于中央垂直切下，劈成约 5cm 长的切口。再在接穗的下端两边相对处各削一斜面，使斜面成楔形，然后插入砧木切口中，使接穗一侧形成层密接于砧木形成层，用塑料膜带扎紧。常用于草本植物，如菊花、大丽花的嫁接和木本植物如杜鹃花、榕树、金橘的高接换头（图 3－21）。

（三）T字形芽接

选枝条中部饱满的侧芽作接芽，剪去叶片，仅留叶柄。在接芽上方5~7mm处横切一刀深达木质部，然后在接芽下方1cm向芽的位置削去芽片，芽片呈盾形，连同叶柄一起取下，在砧木的一侧横切一刀，深达木质部，再从切口中间向下纵切一刀长3cm，使其成“T”字形，用芽接刀把皮轻轻挑开，将芽片插入口中，使芽片上部横切口与砧木的横切口平齐并密接，合拢皮层包住芽片，用塑料条扎紧。接后7~10天检查叶柄，用手轻触即脱落的表明已成活，芽皱缩的要重新接（图3－22）。

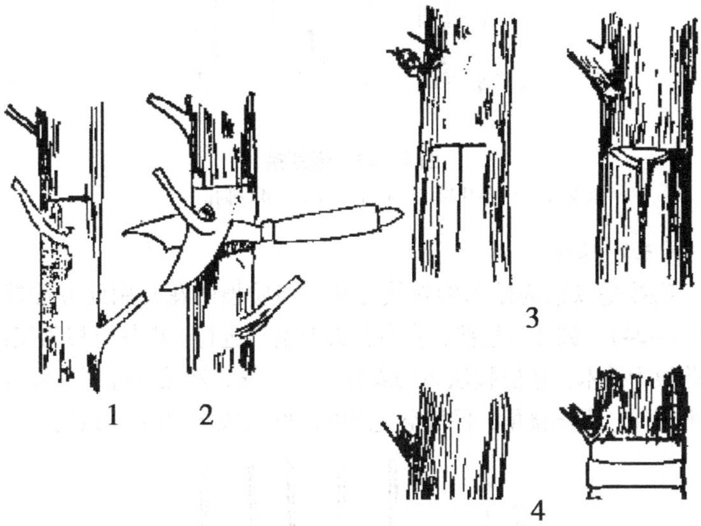

图3－22　T字形芽接

1. 削取芽片　2. 芽片形状　3. 切砧木　4. 插入芽片与绑扎

（四）嵌芽接

嵌芽接又叫带木质部芽接。此法不受树木离皮与否的季节限制，且嫁接后接合牢固，利于成活，嵌芽接适用于大面积育苗

(图3－23)。切削芽片时，自上而下切取，在芽的上部1~1.5cm处稍带木质部往下切一刀，再在芽的下部1.5cm处横向斜切一刀，即可取下芽片，一般芽片长2~3cm，宽度不等，依接穗粗度而定。砧木的切法是在选好的部位自上向下稍带木质部削成与芽片长宽均相等的切面。将切开的稍带木质部的树皮上部切去，下部留0.5cm左右。将芽片插入切口使两者形成层对齐，再将留下部分贴到芽片上，用塑料袋绑扎好即可。

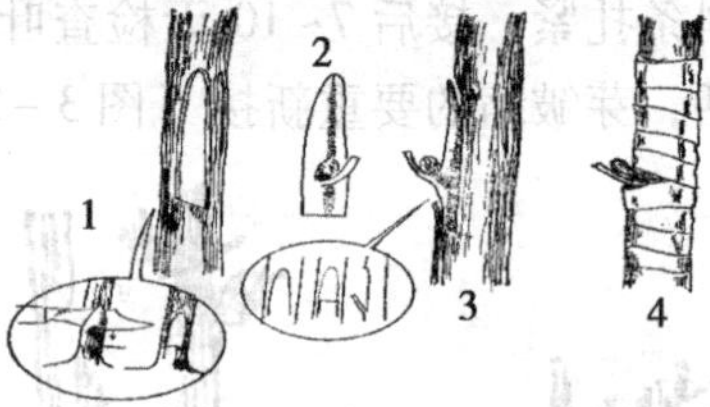

图3－23　嵌芽接

1. 取芽片　2. 芽片形状　3. 插入芽片　4. 绑扎

(五) 根接

根接是以根为砧木的嫁接方法，肉质根的花卉用此方法嫁接(图3－24)。如牡丹根接，宜在秋天温室内进行。以牡丹枝为接穗，芍药根为砧木，按劈接法将两者嫁接成一株，嫁接处扎紧，放入湿沙堆埋住，露出接穗，保持空气湿度，30天成活后即可移栽。

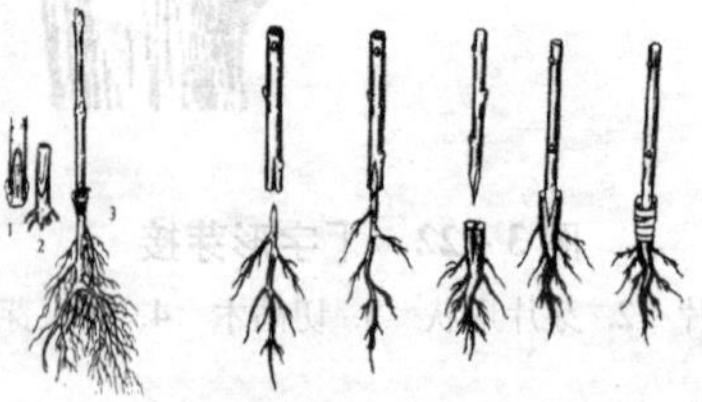

图3－24　根接

1. 接穗　2. 砧木　3. 愈合体

（六）多浆植物嫁接

仙人掌和多肉植物嫁接。仙人掌和多肉植物应用较普遍，其嫁接方法比较特殊。适用于生长慢、根系不发达和缺乏叶绿素、自身不能制造养分维持生命的白色、黄色和红色等园艺品种。嫁接还常用来繁殖缀化品种，培育新种和抢救良种。

嫁接时间从 3 月中旬至 10 月中旬都可进行，南方地区可早一点，北方地区稍晚一点。5~9 月，室温在 20~30℃时，是嫁接仙人掌的最佳季节，嫁接愈合快，成活率高。

嫁接常用的方法有平接、插接和斜接。嫁接在多浆花卉上使用不如仙人掌植物那样普遍，常见在大戟科、萝藦科和夹竹桃科等多浆花卉上应用。主要用来嫁接繁殖斑锦和缀化品种。如霸王鞭作砧木，嫁接春峰锦、玉麒麟、圆锥麒麟等；马齿苋树作砧木，嫁接雅乐之舞；非洲霸王树作砧木，嫁接非洲霸王树缀化，使接穗生长更快，观赏效果更好。

1. 仙人球嫁接（平接）

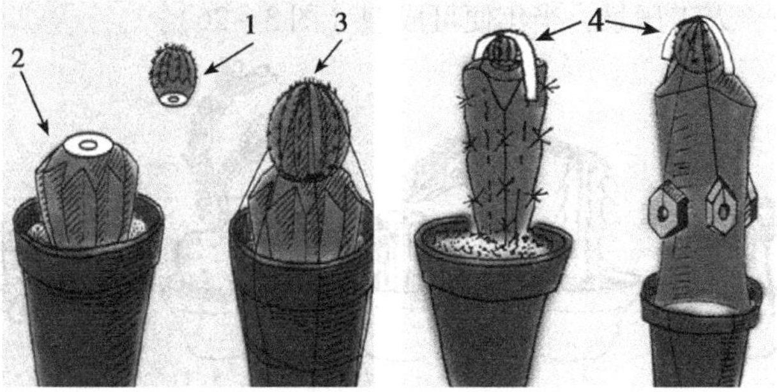

图 3－25 仙人球平接示意图

1. 接穗 2. 砧木 3. 愈合体 4. 固定法

砧木的选用以多繁殖仔球为目的，多用柱状砧木，嫁接后接穗生长快，萌生子球亦多；以商品观赏为目的，多用三角柱状的砧木，要求肥厚充实，株型矮些，便于室内装饰观赏（图 3－25）。

先将仙人球砧木上面切平，外缘削去一圈皮肉，平展露出仙人球的髓心。将另一个仙人球基部也削成一个平面。将砧木和接穗平面切口对接在一起，中间髓心对齐。用细绳连盆一块绑扎固定，放于半阴干燥处，1周内不浇水。最常见的有绯牡丹、黄雪晃，砧木常用量天尺和虎刺等。5~10月均可嫁接，嫁接愈合快，成活率高。

2. 斜接

适用于指状仙人掌，将砧木和接穗分别切成60°的切面，把接穗切面贴向砧木的斜面，用仙人掌长刺固定（图3－26）。此法常用来繁殖山吹、鼠尾掌等。

3. 蟹爪莲嫁接（嵌接或插接）

砧桩选用饱满的仙人掌掌片，上盆时以埋入土不倒为度，栽后浇透水，保证温度，20天左右生根，生根后即可嫁接（掌片上盆后嫁接亦可，但效果稍差）。嫁接时间以花后进入休眠期时最有利。要求接穗庞大，有4~5个分枝，每枝5节以上，经过支撑生长，人工压景，当年便可成型（图3－26）。

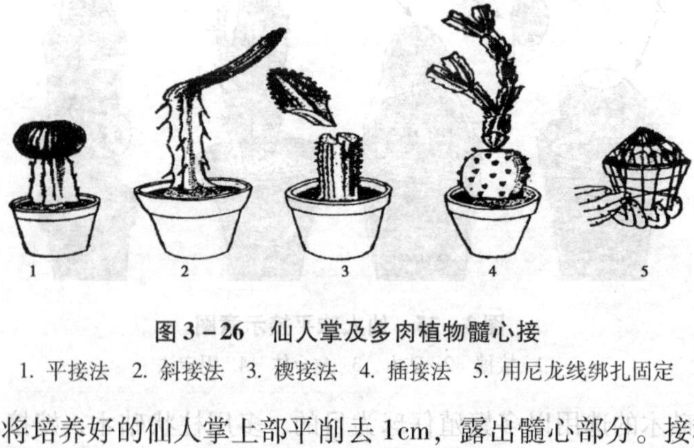

图3－26　仙人掌及多肉植物髓心接

1. 平接法　2. 斜接法　3. 楔接法　4. 插接法　5. 用尼龙线绑扎固定

将培养好的仙人掌上部平削去1cm，露出髓心部分。接穗要采集生长成熟、色泽鲜绿肥厚的2~3节分枝，在基部1cm处两侧都削去外皮，露出髓心。仙人掌切面的髓心左右切1刀，即砧木顶端部切成“V”字形，再将插穗插入砧木髓心挤紧，用仙人掌针刺将髓心穿透固定。

4. 注意事项

（1）嫁接时间以春、秋季为好，温度保持在20~25℃。

（2）砧木接穗要选用健壮无病，不太老也不太幼嫩的部分。

（3）嫁接时，砧木与接穗不能萎蔫，要含水充足。已萎蔫的接穗，必要时可在嫁接前先浸水几小时，使其充分吸水。嫁接时砧木和接穗表面要干燥。

（4）砧木接口的高低由多种因素决定。无叶绿素的种类要高接，接穗下垂或自基部分枝的种类也要接得高些，以便于造型。鸡冠状种类也要高接。

（5）嫁接后1周内不浇水，保持一定的空气湿度，放到阴处，避免日光直射。约10天就可去掉绑扎线。成活后，砧木上长出的萌蘖要及时去掉，以免影响接穗的生长。

三、嫁接后管理

（一）检查成活、解绑及补接

枝接和根接在接后20~30天进行成活率的检查。成活后接穗上的芽新鲜、饱满，甚至已经萌发生长；未成活则接穗干枯或变黑腐烂。芽接一般7~14天检查成活率，成活者的叶柄一触即掉，芽体与芽片呈新鲜状态；未成活则芽片干枯变黑。如发现绑缚物太紧，要松绑或解除绑缚物，以免影响接穗的发育和生长。一般当新芽长至2~3cm时，可全部解除绑缚物，生长快的树种，枝接最好在新梢长到20~30cm时解绑。解绑过早，接口仍有被风吹干的可能。嫁接未成活应在其上或其下错位及时补接。

（二）剪砧、抹芽、除蘖

嫁接成活后，凡在接口上方仍有砧木枝条的，要及时将接口上方砧木部分剪去，以促进接穗生长。一般树种大多采用一次剪砧，即在嫁接成活后，春季开始生长前，将砧木自接口处上方剪去，剪口要平。对于嫁接难成活的树种，可分两次或多次剪砧（图3－27）。嫁接成活后，砧木常萌发许多蘖芽，为集中养分供给新梢生长，要及时抹除砧木上的萌芽和根蘖，一般需要去蘖2～3次。

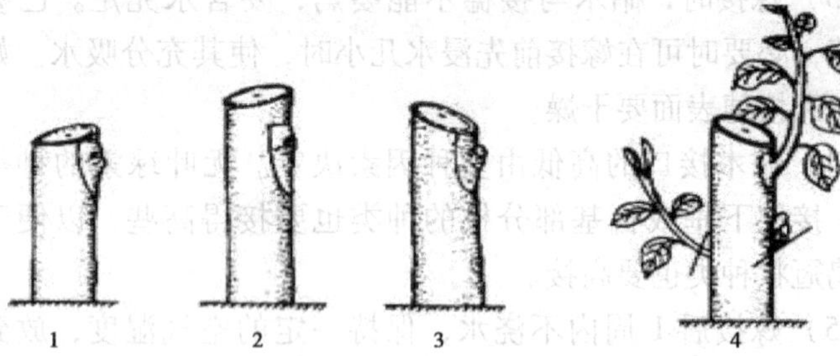

图3－27　剪砧

1. 剪砧正确　2. 剪口过高　3. 剪口倾斜方向不对　4. 除萌、抹芽

（三）立支柱

嫁接苗长出新梢时，遇到大风易被吹折或吹弯，影响成活和正常生长。故一般在新梢长到5～8cm时，紧贴砧木立一支柱，将新梢绑于支柱上。在生产上，此项工作较为费工，通常降低接口、在新梢基部培土、嫁接于砧木的主风方向等其他措施来防止或减轻风折。其他抚育管理。

思考题

1. 简述嫁接的作用、嫁接时期。

2. 培育塔菊和悬崖菊用什么做砧木，采用哪种方法嫁接，嫁接后的管理注意什么问题？

3. 简述影响嫁接成活的因素？

4. 常用的嫁接方法有几种？

第四节　分生繁殖

宿根、球根花卉种类繁多，可根据不同类别采用不同的繁殖方法。凡结实良好，播种后 1~2 年即可开花的种类，如蜀葵、仙客来、桔梗、耧斗菜、除虫菊等常用播种繁殖。有些种类如菊花、芍药、郁金香等，播种繁殖需较长的时间方能开花，多采用分生法繁殖。

一、繁殖技术

（一）繁殖方法

1. 分株繁殖

将根际或地下茎发生的萌蘖切下栽植，形成独立的植株。园艺上可砍伤根部促其分生根蘖，以增加繁殖系数（图 3－28）。如菊花、春兰、玉簪等。

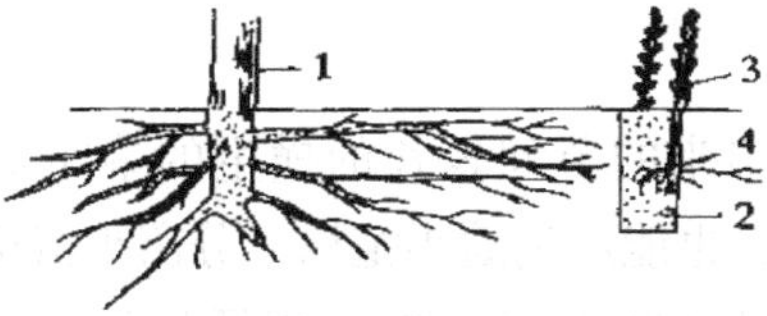

图 3－28　根蘖示意图

1. 母株　2. 开沟断根后填入土　3. 切断口发生　4. 根蘖发根状况

2. 吸芽繁殖

吸芽是某些植物根际或地上茎叶腋间自然发生的短缩、肥厚呈莲座状的短枝。如（图 3－29）、芦荟、玉树、景天等在根际处常着生吸芽，凤梨的地上茎叶腋间也发生吸芽。

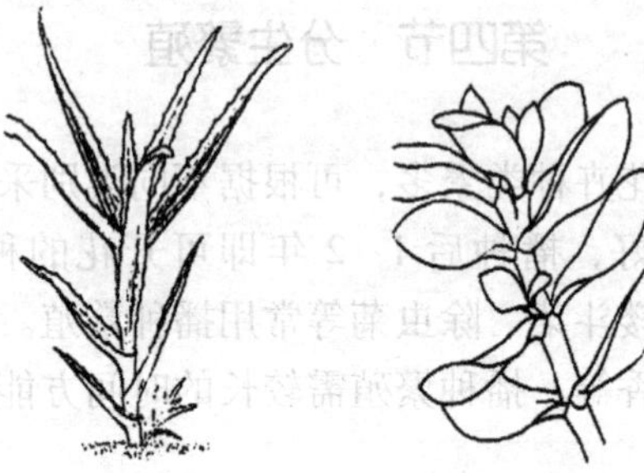

根蘖（芦荟）　　　　吸芽（玉树）

图 3－29　吸芽繁殖

3. 珠芽和零余子

（1）珠芽。生于叶腋间，呈鳞茎状的芽。如卷丹（图 3－30）、观赏葱类。

（2）零余子。生于叶腋间，呈块茎状的芽（图 3－30）。如薯蓣类。

4. 走茎繁殖

自叶丛抽生出来的节间较长的横生的茎叫走茎。节上着生叶、花和不定根，也能产生幼小植株。分离小植株另行栽植即可形成新株。如吊兰（图 3－31 左）、虎耳草等。

匍匐茎与走茎相似，但节间稍短，横走地面并在节处生不定根和芽，如草莓（图 3－31 右）、禾本科的草坪植物狗牙根、野牛草。

5. 根茎繁殖

根茎是一些多年生花卉的地下茎，肥大呈粗而长的根状，并贮藏营养物质。其节上常形成不定根，并发生侧芽而分枝，继而形成新的株丛，如虎尾兰（图 3－32）、美人蕉。

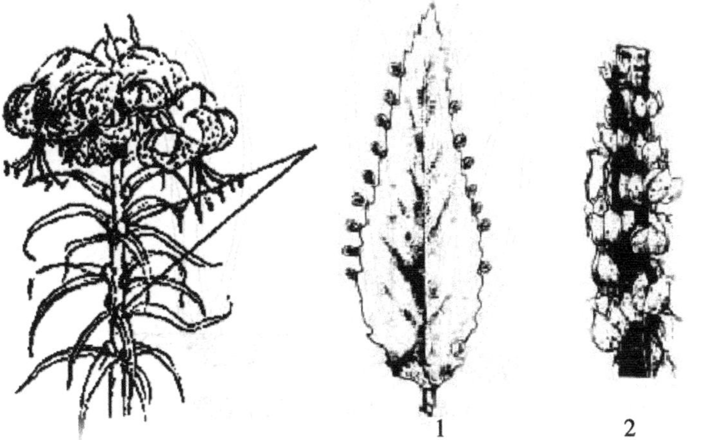

卷丹的株芽

图 3－30　叶和芽的营养繁殖

1. 叶繁殖，落地生根的叶　2. 零余子繁殖，百合零余子

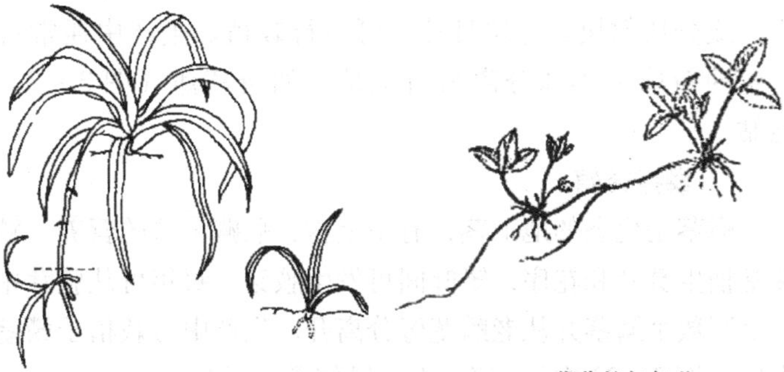

（吊兰）走茎繁殖示意图

草莓的匍匐茎

图 3－31　走茎繁殖

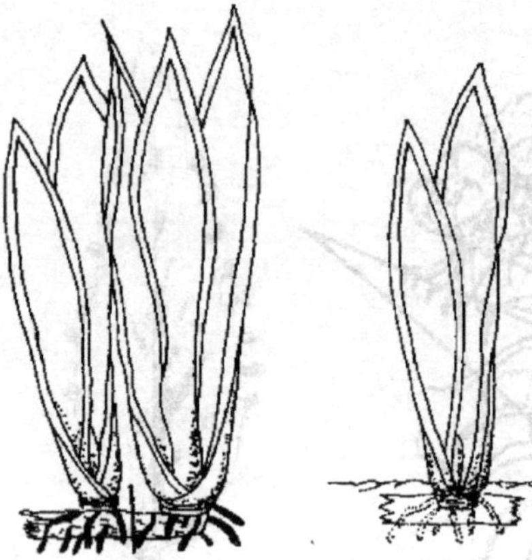

（虎尾兰）根茎繁殖示意图

图 3－32　根茎繁殖

6. 球茎繁殖

球茎是地下变态茎，短缩肥厚近球状，贮藏营养物质。老球茎萌发后在基部形成新球，新球旁常生子球。球茎可供繁殖用，或分切数块，每块具芽，可另行栽植。生产中通常将母株产生的新球和小球分离另行栽植，如唐菖蒲（图 3－33 右）、慈姑。

7. 鳞茎繁殖

鳞茎是变态的地下茎，有鳞茎盘，贮藏丰富的营养。鳞茎顶芽常抽生真叶和花序，鳞叶间可发生腋芽，每年可从腋芽中形成一个至数个鳞茎并从老鳞茎旁分离开。生产中可栽植子鳞茎，如水仙（图 3－33 左）、郁金香、风信子、百合。

8. 块茎繁殖

块茎是多年生花卉的地下茎，外形不一，多近于块状，贮藏营养。根系自块茎底部发生，块茎顶端通常具有几个发芽点，表面有芽眼可生侧芽。如马铃薯多用分切块茎繁殖。

（水仙）鳞茎繁殖示意图

（唐菖蒲）球茎繁殖示意图
1.老球　2.新球　3.子球

图 3－33　球茎繁殖

（二）繁殖时期

1. 春季

在北方每年春季 4~5 月，当萌蘖芽长到 10cm 以上时即可分株，如菊花等。但春季开花的花卉植物常在花后分株，否则会影响到当年开花，如马蔺、鸢尾等。春植球根花卉有美人蕉、大丽花、唐菖蒲等。

2. 秋季

由于春季气温低，地温也低，分株后伤口不容易愈合，常在秋季 9~ 10 月分株，如芍药、牡丹等。秋植的球根花卉有郁金香、风信子、水仙等。秋季栽植后只向地下部长根而不发芽，抗寒力较强，第二年春季才萌芽出土，地上部生长很快即可开花。

二、栽植技术

（一）对土壤要求

宿根、球根花卉生长强健，根系较一二年生花卉强大，入土较深，抗旱及适应不良环境的能力强，一次栽植后可多年持续开花。栽植前深翻土壤，施足有机肥。宿根花卉需排水良好的土壤。不同生长期的宿根花卉对土壤的要求也有差异，幼苗期间喜腐殖质丰富的疏松土壤，第二年以后则以黏质壤土为佳。

宿根、球根花卉种类繁多，对土壤和环境的适应能力有较大的差异。有些种类喜黏土，如水仙、石蒜、晚香玉，而有些则喜沙壤土。有些需阳光充足的环境方能生长良好，而有些种类则耐阴湿。因此，不同的栽植地点选择相应的宿根花卉种类，如在墙边、路边可选择适应性强、易发枝、易开花的种类，如萱草、射干、鸢尾等；而在广场中央、公园入口处的花坛、花境中，可选择喜阳光充足，且花大色艳的种类，如菊花、芍药、耧斗菜等；玉簪、万年青等可种植在林下、疏林草坪等地；蜀葵、桔梗等则可种在路边、沟边，以装饰环境。

（二）栽植方法

1. 栽植深度

因土质、栽植目的及种类不同而异。黏重土壤栽植应略浅，疏松土壤可略深。宿根花卉春季栽植时根茎与地面齐平，秋季栽植可略深些，以使安全越冬。栽植过浅易倒伏，过深第二年出土缓慢，苗弱。

球根花卉若为繁殖需要多生子球，秋季需要采收球根，栽植宜稍浅；如需开花多而大，或准备多年采收的，栽植时可略深。栽植深度为球高的 3 倍（即覆土为球高的 2 倍），但晚香玉及葱兰要求覆土至球根顶部；朱顶红需要将球根的 1/4～1/3 露出土面，百合类的多数品种要求栽植深度为种球高的 4 倍以上。

2. 栽植方式

球根较大或数量较少时，常用穴栽；球根小而量多时，多开沟栽植，穴或沟底要平整，不宜过于狭窄而使球根底部悬空。采用苗床栽植的，苗床整地后应予适当镇压，使球根栽植后不致下陷。如需在穴或沟中施基肥，应适当增加穴或沟的深度，撒入基肥后，应覆上一层园土后再栽植球根。

3. 栽植株行距

株行距视植株大小而异，如大丽花、芍药、牡丹等为60~100cm；菊花、风信子、水仙20~30cm；葱兰、番红花等仅为5~8cm。如果要地栽成片观赏，应该适当缩小株行距，以达到群体美的效果。

4. 注意事项

（1）球根栽植时应分离侧面的小球，将其另外栽植，以免分散养分，造成开花不良。

（2）球根花卉的多数种类吸收根少而脆嫩，折断后不能再生新根，栽植后在生长期间不能移栽。

（3）球根花卉大多叶片较少，栽培时应注意保护，避免损伤，否则影响光合作用，也影响观赏。

（4）做切花栽培时，在满足切花长度要求的前提下，剪取时应尽量多保留植株的叶片，以滋养新球。

（5）花后及时剪除残花，以减少养分的消耗，有利于新球的充实。以收获种球为目的，应及时摘除花蕾。对枝叶稀少的球根花卉，应保留花梗，利用花梗的绿色部分合成养分，供新球生长。

（三）栽后管理

宿根花卉一经定植以后连续开花，为保证其株形丰满，达到连年开花的目的，还要根据不同类别采取不同的修剪手段。移植时，为使根系与地上部分平衡，有时为了抑制地上部分枝叶徒长，促使花芽形成，可根据具体情况剪去地上或地下的一部分。对于多年开花，植株生长过于高大，下部明显空虚的应摘心。有时为了增加侧枝数目多开花，也会摘心，如香石竹、菊花等。

一年生球根栽植时土壤湿度不宜过大，湿润即可。种球发根后发芽展叶，正常浇水，保持土壤湿润。可采用叶面喷肥，追施较稀浓度的无机肥。二年生球根应根据生长季节灵活掌握肥水原则。原则上休眠期不浇水，夏秋季休眠的只有在土壤过于干燥时才给予少量水分，防止球根干缩即可。生长期则应供足水分。多数情况下施肥常结合浇水同时进行，每年3次。第一次在展叶前，第二次在开花后，第三次在越冬前结合防冻水一起进行。

宿根、球根花卉在育苗期间应注意灌水、施肥、中耕除草等养护管理措施，但在定植后，一般管理比较简单。

三、种球采收与贮藏

1. 种球采收

虽然有些种类的球根可留在土中生长多年，但专业栽培仍然需要每年采收。采收要在生长停止、茎叶枯黄而未脱落时进行。采收过早，种球发育不充实；过晚，不易确定种球的位置，挖起时容易伤到种球。采收时土壤要适度湿润，挖出种球后除去附土，放到背风阴凉处晾晒。

2. 种球分级

经过晾晒后的种球，去掉枯根和茎叶，按种球大小进行分级。不同植物种类分级方法不同。例如，郁金香种球按围径大小分，水仙种球则按桩（装）数多少来分级。

3. 种球贮藏

贮藏方法因种类不同而异。对于通风要求不高，需保持一定湿度的球根种类，如大丽花、美人蕉等，可采用埋藏或堆藏法，量少时可用盆、箱装，量大时堆放在室内。贮藏时，球根间填充干沙、锯末等。对要求通风良好、充分干燥的球根，如唐菖蒲、郁金香等，可在室内设架、铺上苇帘、席箔等，上面堆放球根。如为多层架子，层间距应在30cm以上，以利通风。量少时，可放在木盘、浅盘上，也可放入竹篮或网袋中，置于背阴通风处贮藏（如图3－34）。

图3－34 郁金香种球

球根贮藏所要求的环境条件因种类不同而异。春植球根冬季贮藏，室温多保持在4~5℃，不能低于0℃或高于10℃，室内不能闷热和潮湿。另外，贮藏球根时，要注意防止鼠害和病虫为害。

第五节 露地花卉栽培管理

露地花卉栽培管理主要包括中耕除草、施肥、灌水、整形修剪与防寒技术。

一、中耕除草

（一）中耕

中耕能疏松表土，减少水分的蒸发，增加土温，促进土壤内的空气流通和土壤有益微生物的繁殖和活动及土壤养分的分解，为花卉根系的生长和养分的吸收创造良好的环境。

1. 适时中耕

通常在中耕的同时除去杂草，但除草不能代替中耕，雨后或灌溉后没有杂草也要进行中耕，表土疏松、又无杂草滋生时可以不中耕。

2. 中耕深度

中耕深度依花卉根系的深浅及生长时期而定。根系分布较浅的花卉应浅耕，反之，中耕可较深；幼苗期宜浅，随植株生长逐渐加深；植株长成后由浅耕到完全停止中耕。中耕时株行中间应深，近植株处宜浅，中耕深度一般为3~5cm。

（二）除草

除草可以保存土壤中的养分及水分，减少病虫害的感染，提高花苗质量。中耕和除草可结合进行，但意义不同，操作上也有差异。除草较浅，以能铲除杂草、切断草根为度。清除栽植地及四周杂草，小面积以人工除草为主，大面积可采用机械除草或化学除草。中耕除草多用手锄，大面积花圃可以使用小型中耕机，以提高工作效率。生产上除了采用手工除草或机械除草外，还有地面覆盖和药剂除草等办法。

地面覆盖防止杂草发生，兼有中耕的效果。常用的覆盖材料有腐殖土、泥炭土及特制的覆盖纸，杂草在厚度为4~5cm的腐殖土及泥炭土下，大多死亡。特制覆盖纸有专门的工厂制造，覆盖纸按长100~200m、宽50~100cm成卷出售。现在市场上出售的除草地膜可以起到一定作用。

药剂除草应用已久，包括无机化合物与有机化合物制品。化学除草剂主要有：除草醚、灭草灵、2，4-D丁酯、西马津、二甲四氯、阿特拉津、五氯酚钠、敌草隆、敌稗等；无机除草剂的化学性质稳定，能溶于水，能渗进植物组织，但容易发生药害，如亚砷酸钠及氯酸钠等。除草剂有选择性，有的除草剂只能杀死单子叶杂草；有的只能杀死双子叶杂草。例如，2，4-D丁酯可防除双子叶杂草；茅草枯可防除单子叶杂草；西马津，阿特拉津能防除一年生杂草；百草枯、敌草隆可防除一般杂草及灌木等。

二、施肥

（一）肥料种类及施用量

花卉栽培常用的肥料种类及施用量依土质、土壤肥分、前作情况、气候、雨量以及花卉种类的不同而异。必须经过土壤分析方能确定某一营养元素的缺乏情况，然后合理施肥。一般植株矮小、生长旺盛的花卉可少施，植株高大、枝叶繁茂、花朵丰硕的花卉宜多施。有些喜肥植物，如牡丹、香石竹、一品红、菊花等需肥较多；有些是耐贫瘠的植物，如山茶、杜鹃花等可少施。缓效有机肥可以适当多施，速效有机肥应适度使用。要确定准确的施肥量，需经田间试验，结合土壤营养分析和植物体营养分析，根据养分吸收量和肥料利用率来测算。花卉的施肥不宜单独施用只含某一种肥分的单纯肥料，氮、磷、钾3种营养成分应配合使用，只是在确知特别缺少某一肥分时，才能施用单一肥料。一般草花类与球根类的施肥量见表3-1。

表3-1　花卉的施肥量　（$kg/100m^2$）

花卉类别	N	P_2O_5	K_2O
草花类	0.94~2.26	0.75~2.26	0.75~1.69
球根类	1.50~2.26	1.03~2.26	1.88~3.00

（二）施肥的方法

花卉的施肥，可分基肥和追肥两大类。

1. 基肥

一般常以厩肥、堆肥、油饼或粪干等有机肥料作基肥。基肥对改进土壤的物理性质有重要的作用。厩肥及堆肥多在整地前翻入土中，粪干及豆饼等则在播种或移植前沟施或穴施。目前花卉栽培中已普遍采用无机肥料作为部分基肥，与有机肥料混合施用。每 $100m^2$ 宜施厩肥 113~225kg（表 3－2）。以化学肥料作基肥时，应注意氮、磷、钾的配合，可在整地时混入土中，但不宜过深，亦可在播种或移植前沟施或穴施，上面盖一层细土。目前，国外多用颗粒状化学肥料作基肥，肥分在土壤中可以缓慢释放。

表 3－2　花卉的基肥施用量　（$kg/100m^2$）

花卉种类＼肥料	硝酸铵	过磷酸钙	氯化钾
一年生花卉	1.2	2.5	0.9
多年生花卉	2.2	5.0	1.8

2. 追肥

为补充基肥的不足，常进行追肥。一二年生花卉对氮、钾要求较高，施肥以基肥为主，生长期可以视生长情况适量施肥。幼苗时期氮肥可稍多一些，以后磷、钾肥应逐渐增加，可追施 2~3 次的饼肥沤制液或人粪尿液，间隔期为半个月左右。孕蕾开花即生殖生长期前，追施 1~2 次的磷、钾肥，以促进花芽的分化，增加开花的数量。芍药、菊花等较名贵的花卉种类，现蕾时每隔 3~4 天向枝叶部喷施 0.1% 尿素加 0.05% 磷酸二氢钾的水溶液，可使叶面浓绿、花色鲜艳。盛夏期间一般不再追肥，如要追肥则浓度要小，防止灼伤枝叶。

追肥除常用粪干、粪水及豆饼外，亦可施用化学肥料，各种肥分施肥量的配合，依花卉种类不同而异（表3－3）。

表3－3 花卉的追肥施用量 （$kg/100m^2$）

花卉种类＼肥料	硝酸铵	过磷酸钙	氯化钾
一年生花卉	0.9	1.5	0.5
多年生花卉	0.5	0.8	0.3

追肥的施用方法依肥料种类及植株生长情况而定。植株较大、距离较远，施用粪干或豆饼时，采用沟施或穴施；施用人粪尿或化学肥料时，常随水冲施，化学肥料亦可按株点施或按行条施，施后灌水。

（三）施肥时期

植物对肥料需求有两个关键时期，即养分临界期和最大效率期。掌握不同花卉种类的营养特性，充分利用这两个关键时期，供给花卉适宜的营养，对花卉的生长发育非常重要。植物养分的分配首先是满足生命活动最旺盛的器官，一般生长最快以及器官形成时，也是需肥最多的时期。

追肥时期和次数受花卉生育阶段、气候和土质的影响。苗期、生长期以及开花前后应施追肥，高温多雨时节或沙质土，追肥宜少量多次。对于速效性、易淋失或易被土壤固定的肥料如碳酸氢铵、过磷酸钙等，宜提前施用，而迟效性肥料如有机肥可提前施用。施肥后即行灌水。土壤干燥时，应先灌水再施肥，以利吸收并防止伤根。

（四）施肥原则

施肥应适时、适量，即“四多、四少、四不”和“薄肥勤施”。“四多、四少、四不施”：即黄瘦多施，发芽前多施，孕蕾多施，花后多施；茁壮少施，发芽少施，开花少施，雨季少施；

徒长不施，新栽不施，盛暑不施，休眠不施。苗期施全素肥料，花果期以施磷肥为主，观叶花卉以氮肥为主。冬季气温低，植物生长缓慢，大多数花卉处于生长停滞状态，一般不施肥；春、秋季正值花卉生长旺期，根、茎、叶增长，花芽分化，幼果膨大，均需要较多肥料，应适当多施些追肥；夏季气温高，水分蒸发快，又是花卉生长旺盛期，施追肥浓度宜小，次数可多些。施肥时间一般要在傍晚，中午前后忌施肥，中午土温高易伤根。

三、灌水

（一）灌水方式

1. 畦灌

将水直接灌于畦内，是北方大田低畦和树木移植的主要灌溉方式。北方地区雨水较少，干旱时期较长，多采用低床栽植。此法经济实用，灌溉充足，但易使土壤板结，整地不平或镇压不均匀时，使水量分布不均。

2. 漫灌

大面积的表面灌水方式。适用于夏季高温地区植物生长密集的大面积草坪，用水量最大，不建议采用。

3. 沟灌

用行间开沟灌水，适用于宽行距栽培，水能完全到达根区，但灌水后易引起土面板结，应在土面见干后松土。

4. 浸灌

在地下埋设具有渗水孔的输水管道，水从中渗出浸润土壤。适用于容器栽培，灌水充足（可达饱和的程度），较省水，且不破坏土壤结构，但一般需要较大的投资。

5. 喷灌

通过地上架设喷灌喷头将水射到空中，形成水滴降落地面。一般根据喷头的射程范围安装一定数量的喷头，定时打开喷头，即可均匀灌水。此法省水、省工、不占地面，还能保水、保肥，地面不板结，同时增加空气湿度，改善小气候，提高土地和水的利用率，但设备投资较大。

6. 滴灌

通过铺设于地面的滴灌管道系统把水输送到苗木根系生长范围，从滴灌滴头将水滴或细小水流缓慢、均匀地施于地面，渗入植物根际的灌溉技术。此法节水、抑制杂草生长，但投资大，管道和滴头容易堵塞。

此外，若是小面积的灌溉，如花坛、苗床等，常采用橡皮管引自来水进行灌溉，大规模的生产栽培则不宜采用。

（二）灌水方法

1. 灌溉用水

以软水为宜，避免使用硬水，最好用河水，其次是池塘水和湖水。井水温度较低，对植物根系生长不利，可先一日抽出井水贮于池中，待水温升高后使用比较好。河沟的水富含养分，水温也较高，适于灌溉。小面积灌溉也可采用自来水，但费用较高，常用于花坛及草坪灌溉。

2. 灌溉时间

灌溉时期分为休眠期灌水和生长期灌水。休眠期灌水在植株处于相对休眠状态时进行，北方地区常对园林树木灌“冻水”防寒，一般灌水量较小，冬季因早晨气温较低，灌溉应在中午前后进行。夏季灌溉应在清晨和傍晚进行，此时水温与地温相近，对根系生长活动影响小。春秋季以清早灌水为宜，这时风小光弱，蒸腾较低，傍晚灌水，湿叶过夜，易引起病菌侵袭。

3. 灌溉次数

露地播种的幼苗，因苗株过小，宜用细孔喷壶喷水，以免水力过大将小苗冲倒，泥土也不至冲出沾污叶片。幼苗移植后的灌溉对成活关系很大，因幼苗移植后根系尚未与土壤充分密接，移植又使一部分根系受到损伤，吸水力较弱，此时如不及时灌水，幼苗会因干旱生长受到阻碍，甚至死亡。一般移植后随即灌水1次，过3天后灌第2次水，再过5~6天灌第3次水，即称“灌三水”，每次浇水都需要浇透，灌水后及时松土。一般幼苗在移植后均需连续灌水3次，有些花卉的幼苗根系较强大，受损伤后容易恢复，灌溉2次后就可松土，不必灌第3次水。有些花苗生长较弱，移苗后生长不易恢复，可在第3次灌水后10天左右，再灌第4次水，灌水后松土，以后即进行正常的灌水。

（三）合理灌溉

水分对花卉十分重要。确定合理的浇水量要根据各种花卉的不同习性、生长阶段、气候季节变化、土壤等因素而定。

1. 按不同习性浇水

（1）旱生花卉。如昙花、仙人掌、石莲花、虎刺梅、令箭荷花等，在较干旱的情况下仍能继续生长，但不抗涝，宜少浇水。

（2）湿生花卉。如旱伞草、何氏凤仙等，不耐干旱，喜大水。

（3）中生花卉。如菊花、玉兰、桂花、茉莉、海桐、月季花、米兰花、四季海棠等，需要土壤湿度较大，用水量介于旱生花卉和湿生花卉之间。

2. 按生长阶段浇水

出土后的幼苗组织幼嫩，对水分要求严格，缺水极易萎蔫，水大又会发生烂根涝害，因此，幼苗期间灌水要掌握好量。花卉营养生长阶段即长新的枝叶时需水量要多，浇水也应多一些，要保持土壤湿润；分化期，土壤要干一些，浇水过多，枝叶生长过旺，影响花芽分化；开花时，土壤偏湿一些，浇水要多一点，否则缩短花期，提早枯谢。

3. 按形态特征浇水

叶片大、质地薄、嫩、柔软、光滑无茸毛者需水分较多，叶片较小而质地坚硬或表面披有蜡质或生有较多茸毛者，则需水分较少。

4. 按季节气候变化及土壤质地浇水

夏季及春季干旱时期，应有较多次的灌水。要浇足浇透，冬季低温、阳光弱时要少浇。透气性强的基质如沙土及沙质壤土的灌溉次数比黏重的土质浇水多。

四、整形修剪与防寒

整形修剪是花卉栽培管理中的重要技术措施。整形、修剪是两个不同的概念，整形离不开修剪，修剪是实现整形的手段之一。此处主要介绍修剪方法及作用。

要培养优质花卉，种子品质起决定作用。应选择品种纯正、发育充实饱满、生命力强、无病虫害的种子。有些植物的种子直接播种不易发芽，因此，在播种前需要进行浸种、催芽等处理，以提高发芽率，使出苗整齐，利于培养健壮的幼苗。

（一）整形修剪的作用

1. 控制植物体大小，体现观赏价值

花坛等的施工对花卉的形态、植株大小、花期有严格的要求，这些都是通过整形修剪来解决。

2. 改善光照条件，利于通风

修剪后减少了枝芽的数量，使养分集中供应留下的枝芽生长。同时修剪改善了光照与通风条件，提高了光合作用效能，加强了局部的生长势。调节地上部分和地下部分的关系；调节营养器官与生殖器官的平衡；调节枝条方向，创造艺术造型。

3. 对整株有抑制作用

修剪减少了部分枝条，叶量、叶面积减少，光合作用产生的碳水化合物总量减少，对植株有抑制作用。

4. 对开花结果有影响

修剪后，减少了生长点和植物体内营养物质的消耗，被剪枝条生长势加强，叶片质量提高，营养物质的积累增加，有利于花芽的形成和提高花芽的质量。

5. 对植株体内营养物质含量有影响

如对新梢摘心，促使新梢发育充实。修剪后，植物体内的激素分布、活性也有所改变。激素产生在植物顶端幼嫩的组织中，轻剪后排除了激素对侧芽的抑制枝芽，提高了枝条下部芽的萌芽力。

（二）整形形式

露地花卉的整形有下列6种形式。

1. 单干式

为充分表现品种特性，将侧蕾全部摘除，使养分集中于顶蕾，只留主干，不留侧枝，使顶端开花1朵。此种形式仅用于大丽花及菊花的标本菊整形（图3－35）。

2. 多干式

留主枝数个，使其能开出较多的花。如大丽花留2~4个主枝，菊花留3、5、9、16枝，其余的侧枝全部剥去（图3－36）。

3. 丛生式

生长期间多次摘心，促使发生多数枝条，全株成低矮丛生状，开出多数花朵。适用于此种整形的花卉较多，如藿香蓟、矮牵牛、一串红、波斯菊、金鱼草、美女樱、百日草等。菊花中的大立菊亦为此种形式，这种花对于分枝及花朵的位置要求整齐严格（图3－37）。

4. 悬崖式

全株枝条向一方伸展下垂，多用于小菊类品种的整形（图3－38）。

5. 攀援式

多用于蔓性花卉，如牵牛、茑萝、风船葛、香豌豆、红花菜豆、旱金莲、旋花、斑叶葎草等。使枝条蔓于一定形式的支架上，如圆锥形、圆柱形、棚架及篱垣等形式。

图3－35　单干式

图3－36　多干式

图3－37　丛生式

图3－38　悬崖式

6. 匍匐式

利用枝条自然匍匐地面的特性，使其覆盖地面。如蔓锦葵、旱金莲、旋花及多数地被植物等。

(三) 修剪方法

1. 疏剪、短截

疏剪，即去掉过密枝、细弱枝、病虫枝，以改善通风透光条件，促使枝条分布均匀，使养分集中于花枝。开花后，短截修剪(即从基部2~3 节处剪去花后枝条)，可使枝条下部腋芽抽生新枝并再次开花，是延长花期的重要措施之一。牡丹、月季等冬季休眠时用于重剪的方法较多。生长期修剪用于轻剪的方法较多(图3－39)。

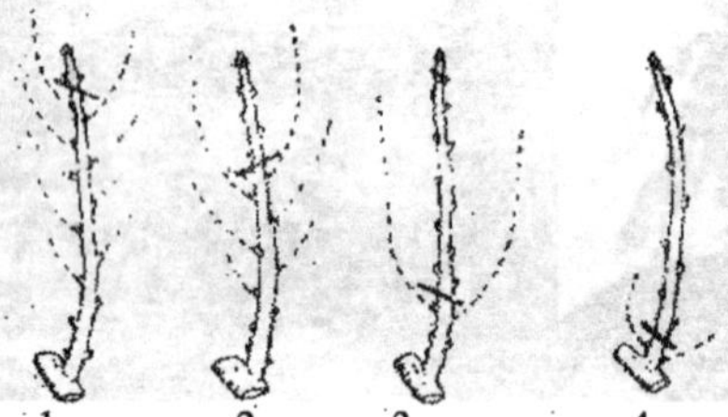

图3－39　短截

1. 轻剪　2. 中短截　3. 重短截　4. 极重短截

2. 摘心

摘心又叫打尖、拦头，即摘去枝梢顶芽。可控制植株高度，促使植株矮化；促进侧枝萌发，增加花枝数目；延迟开花期，确保开花整齐一致，使花繁株密。草本花卉一般摘心1~3 次。适合摘心的花卉有翠菊、福禄考、矮牵牛、一串红、千日红、百日草、金鱼草、万寿菊、旱金莲和四季秋海棠等（图3－40)。而植株矮小，自然分枝又强的品种不需摘心，如三色堇、雏菊、石竹等。花穗长而大或主茎开花的种类不宜摘心，如鸡冠花、凤仙花、罂粟类、紫罗兰、麦秆菊等，以及要求尽早开花的花卉。

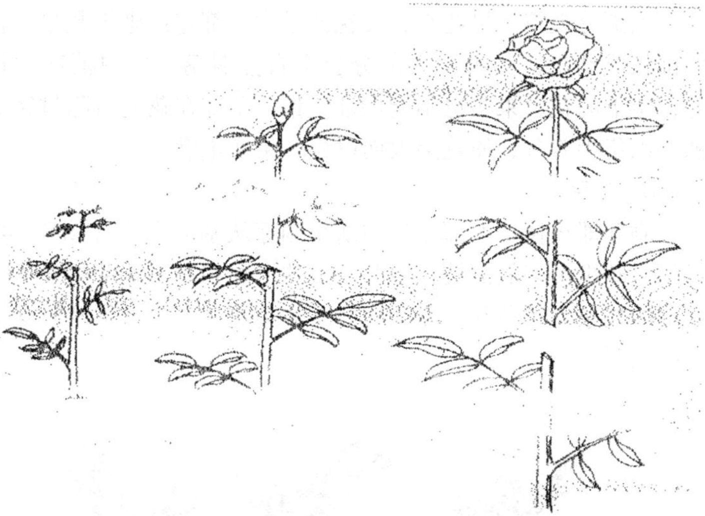

图 3-40 摘心、摘蕾、摘花

3. 摘叶

摘叶即摘除老化及影响光照的叶片。如叶片生长过密，应摘除少量老叶，以改善通风、透光条件。如瓜叶菊、天竺葵等叶片较大的花卉，应随时摘除过密老叶，茉莉花春天萌芽时，及时摘去老叶，可加速新芽萌发，提早开花。一些自然老化的老叶、黄叶、病虫为害的叶片及遮花盖果的叶片，为了植株美观也要及时摘除。

4. 摘花

摘花一是摘除残花，如杜鹃花开花之后，残花久存不落，而影响嫩芽及嫩枝的生长，需要摘除；二是摘除生长过多以及残缺僵化等不美的花朵。如大丽花、八仙花、迎春花等于花后剪除着花枝梢，促其抽发新枝，节省营养，使下一个生长季开花硕大艳丽（图 3-40）。

5. 疏花

大部分观花、果花卉，开花数量大，都超过坐果数量，让它们都长成幼果，其中一大部分也会自然脱落，白白消耗大量营养，留下的花、果实也不能保证质量，不如在花期疏除过密的花穗，以集中养分，使花朵大而鲜艳，果实饱满。

6. 剥芽

剥芽即将枝条上部发生的幼小侧芽从基部剥除（图3－41）。目的是减少过多的侧枝，限制枝数的增加和过多花朵的发生，使留下的枝条生长茁壮，花朵充实。如菊花和大丽花须及时除去过多的腋芽。

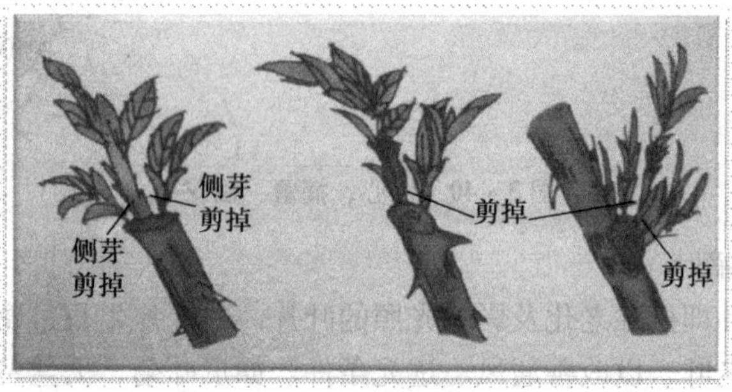

图3－41　剥芽示意图

7. 疏蕾

花蕾形成后，剥除侧蕾，以使顶蕾开花美且大。芍药、菊花、大丽花等常用此法。此外，为使球根肥大，在球根生产过程中，常将花蕾除去，不使其开花，以免消耗养分。

8. 折梢及捻梢

“折梢”是将新梢折曲，但仍连而不断（图3－42）；“捻梢”是将枝梢捻转，以抑制新梢的徒长，促进花芽的形成，牵牛、茑萝可用此法。如新梢切断，常使下部腋芽受刺激而萌动抽枝，起不到抑制徒长的作用。

图 3－42　折梢示意图

9. 曲枝

为使枝条生长均衡，将生长势强的枝条向侧方压曲，弱枝则扶持直立，可得抑强扶弱的效果。大立菊整形时常用此法。

10. 绑缚与造型

为了整齐美观，防止倒伏，常设支柱绑缚。如花枝细长的小苍兰、大丽花等常设支柱；攀援性植物如香豌豆、球兰等常扎成屏风形或圆球形支架使枝条盘曲其上，以利通风透光和便于欣赏；我国传统名花菊花，常设支架或制成扎景，形式多样，引人入胜。支撑的材料用细竹、竹扦或硬塑料棒。结扎的材料用棕线、棕丝或尼龙丝。

切花栽培中常用尼龙网代替支撑材料，在栽培床四周设支撑固定，随植株生长逐渐将支撑网提高，或者随生长可逐渐加 3 层网。

（四）防寒

我国北方严寒季节，露地栽培的二年生花卉及不耐寒多年生花卉（宿根及球根）必须采取防寒措施。由于各地区的气候不同，采用的防寒方法亦不同。常见应用的主要方法有下面几种。

1. 覆盖法

在霜冻到来以前，在畦面上覆盖干草、落叶、马粪或草席等，晚霜过后再清理畦面，此法防寒效果较好，应用极为普遍。

2. 培土法

冬季地上部分枯萎的宿根花卉和进入休眠的花灌木，培土防寒是常用的方法，待春季到来后，萌芽前再将培土扒平。

3. 熏烟法

露地越冬的二年生花卉，可采用熏烟法以防霜冻。烟粒吸收热量使水汽凝成液体而放出热量，可以提高气温，防止霜冻。但熏烟法只有在温度不低于－2℃时才有显著效果，因此，在晴天夜里当温度降低至接近0℃时即可开始熏烟。

熏烟的方法很多，地面堆草熏烟是最简单易行的方法，每亩可堆放3~4个草堆，每堆放柴草50kg左右。用汽油桶制成熏烟炉，使用时放在车上，可以往返推动，方便适用，效果更好。

4. 灌水法

冬灌能减少或防止冻害，春灌有保温、增温效果。灌溉后土壤湿润，热容量加大，减缓表层土壤温度的降低。灌溉还可提高空气中的含水量。

5. 浅耕法

浅耕可降低因水分蒸发而发生的冷却作用，同时，耕锄后表土疏松，有利于太阳热的导入，再加镇压更可增强土壤对热的传导作用，并减少已吸收热量的散失，保持土壤下层的温度。

6. 密植

密植可以增加单位面积茎叶的数目，降低地面热的辐射，起到保温作用。

除以上方法外，还有设立风障、利用冷床（阳畦）、少施氮肥、增施磷、钾肥，增加抗寒力等方法，都是有效的防寒措施。

思考题

1. 如何做到合理浇水？
2. 根外追肥应注意哪些问题？
3. 整形修剪的方法及作用。
4. 如何防寒？

第四章　无土栽培技术

无土栽培是指不用天然土壤，而用营养液或固体基质加营养液栽培植物的方法。

一、无土栽培的特点

1. 加速植物生长，提高产量和品质

如无土栽培的香石竹味浓、花朵大、花期长、产量高，盛花期比土壤栽培的提早 2 个月。

2. 能节省水

在土壤中栽培的植物，由于水分的蒸发、流失和渗漏，被植物吸收利用的只是很少的一部分。无土栽培就不会出现这种现象。

3. 节约养分

在土壤中施用的肥料常损失一半以上，且因失去的元素不同，造成养分不平衡。无土栽培则是按照植物需要配制营养液，并在不渗漏的容器中栽培，营养成分直接供给花卉的根部，所以损失极少。

4. 清洁卫生，病虫害少

土壤栽培采用有机肥，既不卫生，又易传染病虫害。无土栽培所用的营养液为无机肥，可免去病虫害的传播，同时便于运输和流通。

5. 无杂草

无土栽培利用清洁基质，便于消毒，很少带有杂草种子，不需人工除草。常用自动化控制，可以节省大量劳动力。

6. 不受土地限制，扩大了种植范围

在沙漠、盐碱地、海岛、荒原等不毛之地以及少地和无地的地方都可进行栽培，规模可大可小。甚至可利用窗台、屋顶、阳台、院落、墙壁及空间进行，因基质轻、搬运方便，也可在海洋、空间进行无土栽培。

7. 能更合理地满足花卉植物生长发育对温、光、水、气、养分等的要求

多数花卉对栽培条件的要求较高，无土栽培可以更有效地控制植物生长发育过程中对水分、养分、空气、光照、温度等的要求，使花卉植物生长发育良好。

二、无土栽培的分类

无土栽培目前常用的有水、砂、石砂、珍珠岩、蛭石、岩棉、泥炭、锯木屑、稻壳、泡沫塑料等。

1. 按基质来源分类

可分为天然基质（如砂、石砾）、人工合成基质（如岩棉、泡沫塑料、多孔陶粒等）。

2. 按基质成分组成

可以将基质分为无机基质与有机基质：砂、石砾、岩棉、珍珠岩和蛭石等都是以无机物组成或是不可分解的基质为无机基质；树皮、蔗渣、稻渣等是以有机残体组成的为有机基质。

3. 按基质性质分类

可以分为惰性基质和活性基质两类：惰性基质是指基质的本身无养分供应或不具有阳离子代换量的基质，如砂，石砾，岩棉等；活性基质是指具阳离子代换量，本身能供给植物养分的基质，如泥炭、蛭石等。

4. 按使用时组分不同分类

可以分为单一基质和复合基质：以一种基质作为生长介质的，如沙培、砾培、岩棉培等，都属于单一基质；复合基质是由两种或两种以上的基质按一定比例混合制成的基质，复合基质可以克服单一基质过轻、过重或通气不良的缺点。

第一节　基质栽培

基质栽培，它是指植物根系生长在各种天然或人工合成的固体基质环境中，通过固体基质固定根系，并向植物供应营养和氧气的方法。基质培可很好地协调根际环境的水、气矛盾，且投资较少，便于就地取材进行生产。

一、常用基质

1. 砂

为无土栽培最早应用的基质。其特点是易得、廉价，但容量大，持水差。采用砂粒大小应适当，以粒径 0.6~2.0mm 为好。使用前应过筛洗净，并测定其化学成分，供施肥参考。

2. 蛭石

属云母族次生矿物，含铝、铁、镁的硅酸盐，孔隙度大，质轻，通透性良好，持水力强，pH 值中性偏酸，无病虫害，不腐烂、不变质，可与沙、泥炭等配合使用，为优良无土栽培基质之一。

3. 泥炭

是由于地表过度潮湿和通气不良，大量死亡植物堆积后，经过不同程度的分解、腐烂，形成褐色、棕色和黑色的沉积物。其富含有机质，持水保水力强，pH 值偏酸，含植物所需要的营养成分，一般因通透性差很少单独使用，常与其他基质混合用于花卉栽培。

4. 陶粒

不含有机质，因此，不会产生害虫和寄生虫，在植物的整个生长周期内能保证有较大的孔隙。

5. 珍珠岩

为灰色火山岩，即一种铝硅酸盐，无吸收性，不易破碎，不吸收养分，排水良好。

6. 岩棉

工业建筑材料，质轻，孔隙度大，通透性好，但持水力略差，pH 值为7.0~8.0，含花卉所需有效成分不高，目前仅西欧各国应用较多。

7. 砻糠灰

即碳化稻壳，质轻，孔隙度大，通透性好，持水力较强，含钾等多种营养成分，pH 值高，使用过程中应注意调整 pH 值。

8. 锯末

为木材加工副产品，在资源丰富的地方多用作基质栽培花卉。以黄杉、铁杉锯末为好，含有毒物质树种的锯末不宜采用。锯末质轻，吸水保水力强，并含一定营养物质，一般多与其他基质混合使用。

以上所涉及到的任何一种基质，使用前均应进行处理，如去掉杂质、除去淤泥、粉碎浸泡等。有机基质经蒸汽或药剂消毒后才宜应用。

二、栽培过程

基质栽培中所选用的基质可根据各种花卉的习性和不同基质的物理性能，采用合理的基质，以利花卉的生长发育，具体步骤如下。

1. 栽培容器

如果是小面积栽培，可采用盆或箱；如果是大面积栽培，可选用栽培槽。栽培槽通常宽1.2m、深30cm。用水泥面砖时，槽底可用混凝土铺成，中部稍低，似盘状，有利于排水。槽内壁涂沥青保护。槽内所选基质要清洁无石灰质。

2. 填加基质

填入基质后，施入营养液。如用9m长的栽培槽，槽宽60cm即可。溶液箱稍高于栽培槽约30cm，当需要营养液时只开放龙头即可。此外，如用盆箱播种或扦插时，基质内营养液的浓度要稀释为原浓度的一半。直至定植前方可用全量标准液。

3. 培育植物

花卉生长初期，每周给1~2次营养液，生长过快的花卉，每天给1次。每次用量以饱和为宜，数次后用清水冲洗1次，夏天尤其如此，以免基质中聚集多余的有害废物。但也有采用3~4周后用清水冲洗基质中残余的营养液的。

需要注意的是，基质培近似土培，但基质培有其自身的优势，它能精确地控制植物营养，通气良好，防病虫害。

第二节 营养液栽培

营养液栽培是指根系直接生长在营养液或含有营养成分的潮湿空气之中，根际环境中除了育苗时用固体基质外，一般不使用固体基质。

一、栽培类型

(一) 水培

水培是指植物根系直接生长在营养液液层中的无土栽培方法。它又可根据营养液液层的深度不同分为多种形式。以1~2cm

的浅层流动营养液来种植作物的营养液膜技术（NFT）；液层深度6~8cm的深液流水培技术（DFT）；在5~6cm深的营养液液层中放置一块上铺无纺布的泡沫板，根系生长在湿润的无纺布上的浮板毛管水培技术（FCH）。

1. 容器选择

（1）良好的清晰度。水培花卉的观赏价值不仅体现在花的颜色与株型上，还体现在根系上。晶莹剔透的容器，可以充分展示根系的洁白与飘逸，展示新生根系的柔嫩与多姿。所以，用作水培花卉的器皿以无色透明、无印花、无刻花、无气泡的为好（图4-1）。

（2）款式要和花卉的姿态协调。花叶蔓、长春花、绿萝、常春藤等枝蔓下垂的花卉，应选细而高的器皿，以使垂枝飘挂而下；三角柱接球、彩云阁、龙骨等重心较高而根系较少的花卉种类，应选择深度较大的器皿，以帮助花卉直立。

图4-1　栽培容器

（3）规格要与花卉的大小匹配。龟背竹、绿巨人等具有大型叶片，或地上部分较大的植株应选择较大且比较厚实的器皿，以求平衡与稳定；宝石花、莲花掌、条纹十二卷等小型花卉，则应选择小巧轻盈的器皿。

2. 容器类型

（1）玻璃花瓶。是最理想的水培容器。其造型优美，种类繁多，规格齐全，容易与花卉相互衬映，相得益彰。再与彩灯、声音相结合，更能体现水培花卉的多彩多姿，有印花、刻花碎纹等装饰的玻璃瓶一般不宜用作水培。

（2）酒杯。酒杯常由细脚托起，因而造型轻盈灵巧，适宜做小型花卉的水培器皿。

（3）茶杯。茶杯的形式与规格比较单一，深度也无多少变化，但获取十分方便，也比较经济，可作中小型花卉的水培容器。

（4）罐头瓶、酱菜瓶、饮料瓶、矿泉水瓶，这些器皿取材容易，经济方便，且规格形式也多。特别是塑料的饮料瓶和矿泉水瓶，可以根据需要剪成合适的高度。

3. 种植技术

（1）适宜水培的观叶植物。喜林芋类植物（如心叶喜林芋、琴叶喜林芋、杏叶喜林芋、红帝王喜林芋、绿帝王喜林芋、青苹果喜林芋等）、凤梨类植物、龙血树类植物（如巴西铁、富贵竹）、竹芋类植物、花叶万年青、龟背竹、黄金葛、袖珍椰子、伞树、常春藤、橡皮树、白掌、合果芋、椒草等。

（2）洗根。栽培苗洗根与定植。将土栽花卉转变为水培花卉需要洗根。用手轻敲花盆的四周，待土松动后将栽培苗从盆中脱出，把根部的土用清水冲洗干净，注意不要伤根。直接插入定植孔，用海绵、麻石或雨花石固定。如果植株根部太大，而定植孔的孔径太小，可把定植孔剪大一些以方便种植，最后将配制好的营养液加入容器（图4－2）。

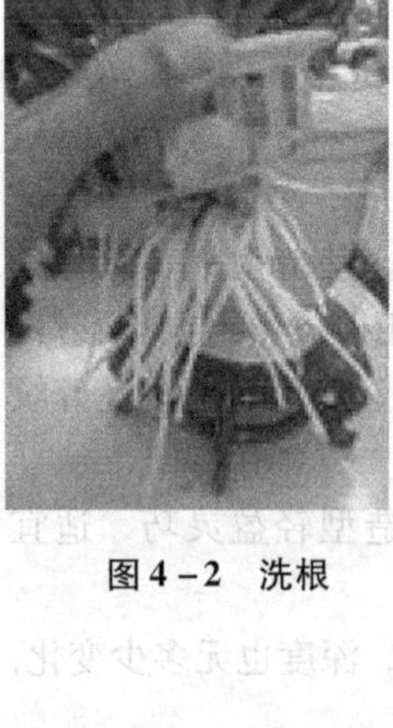

图4－2　洗根

换水洗根技术。①根据花卉对水培的适应性。根据不同花卉对水培条件适应的情况定期换水。有些花卉，特别是水生或湿生花卉，十分适应水培环境，水栽后很快生出新根，这些花卉换水时间间隔可以长一些；而有些花卉不适应水培环境，恢复生长缓慢，有的根系会腐烂。这些花卉应经常换水，甚至1~2天换1次水。萌发出新根并恢复正常生长之后才能逐渐减少换水次数。

②根据气温高低。气温高低与植物的生长有密切关系。温度越高，水中的

含氧量越少；温度越低，水中的含氧量越高；温度越高，植物的呼吸作用越强，消耗的氧气越多；温度越低，植物的呼吸作用越弱，消耗的氧气越少。所以，在高温季节应勤换水，低温季节换水时间间隔长一些。

③根据花卉生长情况。植株强壮的，换水时间长一些；生长不良的，换水勤一些。总之，换水洗根可掌握以下原则；炎热夏季，4~5 天换 1 次水，春、秋季节可 1 周左右换 1 次水，冬季的换水时间应长一些，一般 15~20 天换 1 次水。在换水的同时，要细心洗去根部的黏液，不可弄断或弄伤根系。发现有青苔时，应及时清除。以提高观赏价值和利于花卉正常生长。

（二）雾培

雾培又称为喷雾培或气培，它是将营养液用喷雾的方法，直接喷到植物根系上。根系悬空在一个容器中，容器内部装有自动定时喷雾装置，每隔一段时间将营养液从喷头中以雾状的形式喷洒到植物根系表面，同时解决了根系对养分、水分和氧气的需求。由于雾培设备投资大，管理不方便，而且根系温度易受气温影响，变幅较大，对控制设备要求较高，生产上应用相对较少。雾培中还有一种类型是有部分根系生长在浅层的营养液层中，另一部分根系生长在雾状营养液空间，称为半雾培。也可把半雾培看作是水培的一种。

二、营养液配制

（一）营养液配制原则

（1）营养液应含有花卉所需要的大中量元素即氮、钾、磷、镁、硫、钙、铁等和微量元素锰、硼、锌、铜、钼等，元素齐全，配方组合在适宜原则下，选用无机肥料用量宜低不宜高。

（2）肥料在水中有良好溶解性，并易为植物吸收利用。各元素比例因花卉种类而异。

(3) 水源清洁，无任何污染。

(二) 格里克基本营养液配方

广泛应用的营养液配方

如表4－1所示。

表4－1 格里克基本营养液配方

化合物	数量（g/L）
硝酸钾	0.542
硝酸钙	0.096
过磷酸钙	0.135
硫酸镁	0.135
硫酸	0.073
硫酸铁	0.014
硫酸锰	0.002
硼砂	0.0017
硫酸锌	0.0008
硫酸铜	0.0006
加水后配成1 000L的溶液	合计1 000L

说明：①配制营养液用水要洁净；②营养液pH值为6.5~6.8；③配制营养不能用铁器、铝器

(三) 营养液配制

（1）称取各种肥料。称好后置于干净容器或塑料袋内待用。

（2）混合和溶解肥料。要严格注意加入顺序，要把Ca^{2+}和SO_4^{2-}、PO_4^{3-}分开，即硝酸钙不能与硝酸钾以外的几种肥料如硫酸镁等硫酸盐类、磷酸二氢铵等混合，以免产生钙的沉淀。

（3）A罐肥料溶解顺序：先用温水溶解硫酸亚铁，然后溶解硝酸钙，边加水边搅拌，直至溶解均匀。B罐先溶解硫酸镁，然后依次加入磷酸二氢铵和硝酸钾，加水搅拌至完全溶解，硼酸用温水溶解后加入，之后分别加入其余的微量元素肥料。A、B两种液体罐均分别搅匀后备用。

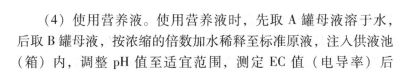

（4）使用营养液。使用营养液时，先取 A 罐母液溶于水，后取 B 罐母液，按浓缩的倍数加水稀释至标准原液，注入供液池（箱）内，调整 pH 值至适宜范围，测定 EC 值（电导率）后使用。

无论在容器中是静止还是流动，酸碱度直接影响营养液中养分存在的状态、转化和有效性。磷酸盐在碱性时易发生化学反应而产生沉淀，肥效降低；锰、铁等在碱性溶液中由于溶解度降低不被植物吸收而产生缺素症，所以，营养液酸碱度调整不可忽略。调整 pH 值时，应先把强酸、强碱加水稀释（营养液偏碱时多用磷酸或硫酸中和，偏酸时用氢氧化钠中和），然后逐滴加入到营养液中，同时不断用 pH 试纸测定至中性。

（四）配制应注意的问题

（1）配制营养液时，忌用金属容器，更不能用它来存放营养液，最好使用玻璃、搪瓷、陶瓷器皿。

（2）配制营养液时如果使用自来水，要先行处理。因为自来水中大多含有氯化物和硫化物，还有一些重碳酸盐。因此，使用自来水配制营养液时应加入少量的乙二胺四乙酸钠或腐殖酸盐化合物。

（3）一般情况下，盆中的栽培溶液一两个月要更换一次，用自来水即可，但要将自来水放置一段时间，以保持根系温度平稳。

（4）水培花卉大都是适合室内栽培的阴性和中性花卉，对光线有各自的要求。阴性花卉如蕨类、兰科、天南星科植物，应适度遮阳；中型花卉如龟背竹、鹅掌柴、一品红等对光照强度要求不严格，一般喜欢阳光充足，在遮阳下也能正常生长。此外，还应控制温度在 15~30℃。

（5）注意辨别花卉的根色，以判断是否生长良好。光线、温度营养液浓度恰当的全根或根嘴是白色。严禁营养液过量，严禁缩短加营养液的时间间隔。

(6) 水培花卉生长过程中，如果发现叶尖有水珠渗出，需要适当降低水面高度，让更多的根系暴露在空气中，减少根在水中的浸泡比例。

三、营养液 pH 值的调整

营养液 pH 值偏高或偏低，不适于栽培花卉要求时，应进行调整校对。当 pH 值偏高时常加酸，偏低时常加氢氧化钠。在日常生产中多数情况下 pH 值偏高，加入的酸类为盐酸、硫酸、磷酸、硝酸等，多数加盐酸或磷酸。加酸时应徐徐加入，并及时检查，使溶液的 pH 值达到所需的数值。

思考题

1. 如何选择水培花卉植物及容器？
2. 怎样配制营养液？
3. 水培花卉应注意哪些问题？
4. 自己动手制作一种水培花卉，操作过程中需要注意哪些问题？

第五章　温室花卉植物栽培与管理

温室在花卉栽培中应用最广泛，其不受季节和地域限制，可以为花卉生产提供适合的环境，可在缺花季节照常供应鲜花，在寒冷地区栽培热带和亚热带植物，进行花卉促成栽培，提早或延长花期，可以进行大规模集约化生产。本章节主要介绍草本、蕨类、兰科及鲜切花等植物的温室栽培和花期调控等管理技术。

第一节　草本植物栽培技术

温室草本植物大多原产于热带、亚热带及温带温暖地区，喜光、不耐寒冷，保温防寒是其冬季养护的重点工作。

温室草本植物冬春季处于生长开花期，需肥水较多，应视天气、花卉种类及植株大小不同，适度浇水、施肥。

温室草本植物多采用播种繁殖，主要采用温室容器育苗法。可根据环境条件、用花时期决定具体播种时间；根据不同花卉种子的特性选择播种方法、播种密度和覆土厚度。

一、瓜叶菊（图5－1）

别名：千日莲、千叶莲。

科属：菊科、瓜叶菊属。

形态：瓜叶菊为多年生草本。作一二年生栽培，茎直立，全株有柔毛，株高30~60cm，叶大，三角状心形，边缘具多角或波状锯齿，似葫芦科的瓜类叶片；叶片深绿色，有时带紫色。头状

图5－1　瓜叶菊

花序，多数花序簇生。有红、紫红、粉、蓝、白或具有斑纹、复色。花期12月至翌年4月。种子5月下旬成熟，瘦果黑色，纺锤形，具冠毛。根据植株高低，还可分为高、中、矮3种。

习性：瓜叶菊喜温暖湿润气候，不耐寒冷、酷暑与干燥。适温为12~15℃，有的品种花芽分化要求18℃，一般要求夜温不低于5℃，日温不超过20℃。生长期要求光线充足，日照长短与花芽分化无关，但花芽形成后长日照促使提早开花。补充人工光照能防止茎的伸长。

繁殖：瓜叶菊以播种为主，也可扦插。

①播种繁殖。播种至开花经5~8个月，3~10月分期播种可获得不同花期的植株。夏秋播，冬春开花，早播早开花。长江流域各地多在8月播种，可在元旦至春节期间开花。北京3~8月都可播种，分别在元旦、春节和“五一”开花。种子播于浅盆或木箱中，播种土应是富含有机质、排水良好的沙质壤土或蛭石等基质。土壤应预先消毒，播后覆土以不见种子为度，浸灌、加盖玻璃或透明塑料薄膜，置遮阴处，也可以采用穴盘育苗。种子发

芽适温21℃，经3~5天萌发，待成苗后逐渐揭去覆盖物，仍置遮阴处，保持土壤湿润，勿使干燥。

开花过程中，选植株健壮、花色艳丽、叶柄粗短、叶色浓绿植株作为留种母株，置于通风良好、日光充足处，摘除部分过密花枝，有利于种子成熟或进行人工授粉。当子房膨大、花瓣萎缩、花心呈白绒球状时即可采种。种子阴干贮藏，从授粉到种子成熟需40~60天。

②扦插繁殖。重瓣品种为防止自然杂交或品质退化，可采用扦插或分株法繁殖。瓜叶菊开花后在5~6月，常于基部叶腋间生出侧芽，可取侧芽在清洁河沙中扦插，经20~30天生根。扦插时可适当疏除叶片，以减小蒸腾，插后浇足水并遮阳防晒。若母株没有侧芽长出，可将茎高10cm以上部分全部剪去，以促使侧芽发生。

栽培管理：瓜叶菊幼苗具2~3片真叶时，进行第一次移植，株行距为5cm，7~8片真叶时移入口径为7cm的小盆，10月中旬以后移入口径为18cm的盆中定植。定植盆土用腐叶土、园土、豆饼粉、骨粉按30：15：3：2的比例配制。生长期每两周施1次稀薄液氮肥。花芽分化前停施氮肥，增施1~2次磷肥，促使花芽分化和花蕾发育。此时室温不宜过高，以白天20℃、夜温7~8℃为宜，同时控制灌水。花期稍遮阳。通风良好、室温稍低、不太湿的环境，有利于延长花期。

用途：瓜叶菊株型饱满，花朵美丽，花色繁多，是冬春季最常见的盆花，可供冬春室内布置，也常用于布置会场，点缀厅、堂、馆、室。温暖地区也可脱盆移栽于露地布置早春花坛，还可用作花篮、花环的材料，也是美丽的瓶饰切花。

二、天竺葵（图5-2）

别名：石腊红、入腊红、日烂红。

图 5－2　天竺葵

科属：牻龙牛儿苗科、天竺葵属。

形态：多年生草本。基部木质化，呈半灌木状，茎粗壮多汁，被柔毛，叶片互生，圆形至肾形，掌状脉，边缘波状钝锯齿。伞形花序顶生，花有白、粉红、红及玫瑰红色。有单瓣及重瓣。花期长，10 月至翌年 4~5 月。蒴果。同属其他花卉。

①大花天竺葵：又称蝴蝶天竺葵。多年生草本，成亚灌木状。花有紫色、淡紫、粉红色等，花瓣上有 2 枚明显斑块，花期 4~5 月，一次开花后当年不再生花。

②盾叶天竺葵：又称藤本天竺葵。茎蔓生而较细弱，不能自立。叶多汁，具光泽，伞形花序 4~8 朵，花为粉红色，有深浅两种，于春季 4~5 月开花。

③香叶天竺葵：又名香草，茎基木质，花较小，花冠粉红色，有紫脉。

④麝香天竺葵：多年生草本，老茎木质化，新枝新叶常簇生于老茎顶端，抽生的茎细弱而蔓生，分枝 1~3 梗，花梗亦生于节上，伞形花序，手触之留余香。

⑤马蹄纹天竺葵：多年生草木，叶互生，圆形，有圆齿，叶上马蹄形环纹明显而色美，作观叶植物。

习性：原产非洲南部，喜凉爽，怕高温，亦不耐寒；要求阳光充足；不耐水湿，而稍耐干燥，宜排水良好的肥沃壤土。

栽培管理：春秋季节天气凉爽，最适于天竺葵类生长。冬季在室内白天 15℃左右、夜间不低于 5℃，保持充足的光照，即可开花不绝。夏季炎热，植株处于休眠或半休眠状态，要置于半阴处，注意控制浇水并注意防涝。花后或秋后适当进行短截式疏枝，使其重新萌发新苗，有利于次年生长开花。

天竺葵原产非洲南部，根系多肉质，性喜干燥，忌水湿。由于浇水不当而引起天竺葵烂根是养护管理中常见的问题。防止天竺葵烂根，除了科学浇水外，还应选择好土壤。黏重土结构不良，排水透气性差，因而不可用来栽植天竺葵，宜选择富含腐殖质、排水透气性良好的沙质壤土。另外在栽移时，要尽可能使根系完好无损，损伤了的根系浇水后极易发霉腐烂。

繁殖：天竺葵可用扦插、播种繁殖。

①扦插繁殖。选一年生健壮嫩枝于春、秋季扦插，切口需经晾干后再插。插后浇 1 次透水，以后保持湿润，1 个月左右可生根发芽。

②播种繁殖。宜在 3~6 月采种，因此，期间温室环境比较干燥，利于种子充分成熟。一般花后约 50 天种子成熟，成熟后即可播种，也可在秋季或春季播种。宜用轻、松沙质培养土，在温度 13℃下，7~10 天发芽。播种后半年至一年即可开花。

用途：天竺葵属植物是重要的盆栽花卉，栽培极为普遍，有观花和观叶两类品种。北京、上海、东北等地常用作春夏花坛材料，是“五一”花坛布置常用的花卉。

三、秋海棠（图 5－3）

别名：瓜子海棠。

科属：秋海棠科、秋海棠属。

形态：多年生常绿草本。株高 15~45cm，茎直立肉质，叶互生，卵圆形至广椭圆形，边缘有锯齿及茸毛，聚伞花序腋生，花有红、粉红、白等色，有单瓣、重瓣，花期长，四季开放，蒴果具翅。

同属其他品种有：球根海棠、蟆叶秋海棠和须根类竹节海棠等。

图 5-3 秋海棠

习性：秋海棠类均不耐寒、喜温暖，生长温度 12 ~ 30℃，适温 15 ~ 20℃，温度过低则落叶休眠或半休眠。一般越冬温度不低于 7~8℃，稍耐寒的种类如红花竹节秋海棠要求不低于 5℃，而不耐寒种类如蟆叶秋海棠要求不低于 10℃，喜湿润、半阴的环境，一般要求空气相对湿度 40%~ 60%，忌夏季阳光直射。多数品种对光周期无反应，冬花类秋海棠为短日性，在临界日长以下诱导成花。要求富含腐殖质而又排水良好的中性或微酸性土壤，既怕干旱，又怕水渍。

繁殖：秋海棠常用播种、扦插和分株繁殖。

①播种繁殖。播种繁殖多用于四季秋海棠，竹节秋海棠也可用播种繁殖，以春、秋两季最好。秋海棠种子细小，每克 3 万~5 万粒，寿命短。播种常用浅盆，盆土下层为粉沙壤土，上层由 2 份消毒壤土、1 份细碎草炭、1 份粉沙土配成。过 2mm 孔筛，表面压实。取 2 份粉沙与种子拌匀后，均匀撒播于育苗盆，播后不需覆土，用浸盆法浇水或细雾喷水。将盆置于 18~21℃条件下，盆口覆盖玻璃保持湿度，播种后约一周发芽。

②茎插繁殖。将未木质化的茎切成带 3 个节的茎段，或采用植株基部发生的新茎作插穗，有利于成活后形成分枝。扦插基质可用素沙和草炭，插前需进行消毒。插条经消毒，蘸生根粉，扦插深度 2~3cm。插床保持 15~16℃，迷雾保湿。竹节秋海棠、丛

生秋海棠约经3周可生根，生根后尽快上盆。盆栽基质可用3份泥炭土、1份珍珠岩、1份粗沙配成，并加少量基肥，避开阳光直射。根茎类秋海棠（包括蟆叶秋海棠）可用根茎扦插，将粗大根茎切成茎段，每段带有一叶，斜埋在扦插基质中，3~4周生根。分枝性根茎可将分枝的先端两节切下扦插。

③叶插繁殖。叶插繁殖多用于蟆叶秋海棠和其他根茎类秋海棠。基质与茎插基质相同。小叶型秋海棠可用全叶扦插，保留叶柄1.5cm，斜插于混合基质中，深2~3cm，在20℃地温下，30~40天生根。稍大的叶片（直径超过5cm），可用叶脉切断法扦插，将叶片平铺在基质表面，以利刃将主脉切断，并用拱形细铁丝将叶片固定，叶脉切口处会很快生根，一片叶可获得多株新幼苗。叶片大的秋海棠，尤其是蟆叶秋海棠等，可用楔形分割法将叶片自中心（叶片与叶柄连接处）向边缘放射形切割成若干片，每片需带一主脉。将楔形切片插于基质中，深度为长度的1/4~1/2。插后自盆底吸水，经常保持空气湿润。生根后上小号盆，盆土用3份草炭、1份珍珠岩，约4周后再换盆。

栽培管理：

①四季秋海棠。花坛应用时，多是作一年生栽培。通常于1月在温室播种，初夏定植。室内观赏可根据要求的花期来确定播种期，一般播后8~10周开花。温室盆栽如在8月上旬到8月中旬播种，圣诞节可以开花，多数利用杂交一代种子。花坛土需富含有机质，排水通畅，栽培场所应避免中午阳光暴晒。株高10cm左右时摘心促进分枝，为避免空气过干，炎热季节可用喷灌。栽后开花至霜期。

盆栽观赏多用重瓣品种的扦插苗。栽培中保持16~18℃，每两周施用一次全素液肥，每年春季换盆。四季秋海棠扦插成活率低，可于春季换盆时分株。

②蟆叶秋海棠。温室栽培观叶的蟆叶秋海棠要求生长适温

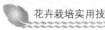

18~21℃，空气相对湿度60%，湿度过低时叶片卷曲。冬季光照弱，温度低时进入休眠，此时盆土保持缓慢生长状态。生长期每3周施全素液肥。浇水时避免叶片沾水，还应注意避免盆土过湿。当根茎生长到盆边时可截顶促进分枝，使株形丰满。

③冬花秋海棠。冬季开花的冬花秋海棠和圣诞秋海棠多数缺少雌花。新株来自叶插、茎插或分株，盆栽基质用2份轻松壤土、2份腐叶土、1份草炭、1份粗沙，并加适量基肥配成。生长温度16~18℃，冬季保持12℃以上，置阳光充足而非直射处，生长季每3周施全素液肥，不同品种在每日暗期达12~14小时以上时开花，冬季温度下降到12℃后适当减少灌水。春季换盆，对长出的新茎进行短截，提高地温到15℃促进营养生长，至冬季再度开花。调节光周期，可周年开花。夜中断维持长日有利于营养生长，短日处理（日长9小时）2周可形成花芽。

用途：秋海棠是优良的观赏盆花，亦是夏季花坛的重要材料。

四、蒲包花（图5-4）

别名：荷包花。

科属：玄参科、蒲包花属。

形态：蒲包花为二年生草本植物。叶对生或轮生，呈卵形或长椭圆形，有茸毛，叶脉凹陷；花序为不规则的伞形花序，花具二唇，形似二个囊状物，上唇小直立，下唇膨胀似荷色，花黄色、乳白、红、紫红等单色，也有红、紫红、深褐色斑点。花期2~5月。蒴果。

种类与品种：

1. 其他栽培种同属常见栽培的种

（1）达尔文氏蒲包花，低矮多年生草本植物，耐水湿，可用于水边、阴湿地布置。

图 5－4　蒲包花

（2）墨西哥蒲包花，一年生草本植物，高 30cm，花小，浅黄色。原产墨西哥。

2. 优良品系蒲包花的品种

（1）大花系花茎 3～4cm，花色丰富，多具色斑。

（2）多花矮生系花茎 2～3cm，着花多，植株矮，耐寒，适合盆栽。

（3）多花矮生大花系性状介于以上两系之间。

现在栽培的多为大花系和多花矮生大花系品种。

习性：原产墨西哥、秘鲁、智利一带。喜温暖、湿润而又通风良好的环境。生长适温 7～15℃，开花适温 10～13℃，不耐寒、忌高温高湿，温度高于 25℃时不利其生长。好肥、喜光，要求排水良好、微酸性、含腐殖质丰富的沙质壤土，长日照可促进花芽分化和花蕾发育。

繁殖：蒲包花一般采用播种繁殖，立秋前播种，常因高温而烂苗，所以在 8 月下旬、9 月初播种为好。播种土最好经过灭菌，并用 0.5mm 的筛子过筛，底部应放粗土，上面放细土。种子细小，一般和沙混合播种，播后上面盖一层细土，盖上玻璃放置在18~20℃的地方，经7~10天即可出苗。去掉覆盖物，温度降到15℃，有利于幼苗生长。冬季开花，蒲包花天然授粉能力较差，常需人工辅助授粉。5~6月种子逐渐成熟，为促进种子发芽成熟，要控制室温，保持空气流通。蒴果变黄即可采收。

栽培管理：蒲包花小苗长出2~3片真叶时，进行第一次分苗，盆土为富含腐殖质的沙质壤土，pH值为6.5。苗长到5~6片叶子时，可栽植到20cm的盆中。蒲包花是半阴生、长日照花卉，但在冬季则需阳光充足。冬季生长温度10~12℃即可，如温度高于20℃且通风不良，则植株徒长，造成花朵稀疏、花小、株形不美。冬季在低温温室栽培，保持相对湿度80%以上。注意通风，保持适当盆距，不使拥挤徒长。每10天施稀薄液肥1次，开花时将温度降至6~8℃，则花期可以延长。蒲包花浇水和施肥应避免浇到叶上，以免导致叶片腐烂。另外，此花忌大水，所以浇水要见干见湿。

用途：蒲包花花期长，花美丽、奇特，是冬季重要的盆花。

五、四季报春（图5-5）

别名：球头樱草、仙鹤莲、仙荷莲。

科属：报春花科、报春花属。

形态：多年生宿根草本，株高20~30cm，叶基生，椭圆形至长卵圆形，叶面光滑，伞形花序顶生，一轮；苞片绿色，花萼钟状漏斗形，花冠高脚蝶状，顶端深裂，白、淡红至深红色，花期1~5月。蒴果球形。

常栽培的园艺品种有：

①报春花：别名小种樱草，植株纤弱，花梗纤细，高出叶面，轮伞花序2~6层，萼片具白粉，花有淡紫、粉红或深红等色，有芳香。

②藏报春：别名大种樱草，全株有毛，叶基生，叶椭圆形或

图 5-5 四季报春

卵状心状，轮伞花序2~3层。有深红、粉红、淡青及白等色。

习性：原产我国西南部，喜温暖，畏炎热与严寒，宜冷凉湿润夏季，怕高温，受热整株死亡。日中性植物，生长期喜光，花期和夏季高温下忌阳光直射，需适当遮阴。土壤以湿润偏酸性腐叶土最为适宜。花期12月至翌年5月。果熟期6~7月。

繁殖：报春以种子繁殖为主，春秋播种。播于沙或泥炭土中，需覆盖遮光。新鲜种子发芽率40%，隔年后发芽率极低。也可分株繁殖，于秋冬季进行。

栽培管理：报春种子在21℃下约经7天发芽，待幼苗具两片真叶时进行第一次移植，株行距1.5cm×1.5cm。5~6片真叶时定植于口径15cm盆内，注意不宜将根颈埋入土中。忌用碱性土，每周施稀薄液肥1次。置通风透光处，阳光过强时宜适当遮阴。花期保持空气凉爽、干燥，在8~10℃下花期延长。因果实成熟期不一，应注意随时分批采摘蒴果，阴干后搓出种子，切忌日晒。盆土保持湿润。

用途：报春在园林中广为种植，江南地区常栽植于花坛、林缘、水边及岩石园，还可用作切花。北方一般为温室冬春盆栽花卉。

六、彩叶草（图5－6）

别名：锦紫苏、洋紫苏、五彩苏、老少年、老来少。

科属：唇形科、锦紫苏属。

形态：多年生常绿草本，作一年生栽培。少分枝，茎四棱。叶对生，菱状卵形，有粗锯齿，两面有软毛，叶具多种色彩，且富于变化，故名彩叶草。随着植株的生长，色彩越变越好看，又名老来变、老来少。顶生总状花序，花小，蓝色或淡紫色，花期夏、秋。小坚果平滑，种子千粒重0.15g。

图5－6　彩叶草

种类与品种：彩叶草的栽培品种很多。

①奇才系列：株高30cm，心形叶片，矮生，基部分枝好，颜色丰富。

②皱叶彩叶草：叶缘锯齿变成皱纹状，叶红紫色，叶面上有朱红、桃红、淡黄等彩色斑纹，边绿色，非常美丽。

习性：彩叶草性喜光照、温暖及湿润的环境，要求疏松、肥沃、排水良好的土壤。分枝较多，植株生长健壮，也较为耐寒，能耐2~3℃的低温。

繁殖：彩叶草采用播种或扦插繁殖。一般2月在温室浅盆中播种，播种方法与播种温度与其他草花相同，播后10天左右出芽，发芽整齐。扦插繁殖多用于培育优良品种，可选择叶色艳丽多彩、富有变化的植株，在春秋季均可进行扦插。取茎上部长约

10cm 的枝条，剪去部分叶片，插入装沙土的繁殖温床或盆中，插入插穗长度的 1/3，保持一定的温度与湿度，在 18℃ 的条件下，20 天左右即可生根。

栽培管理：彩叶草生长健壮，栽培管理也较粗放，生长适温为 18~20℃，播种的小苗经过两次移栽即可定植。苗期应进行 1~2 次摘心，促使多分长枝，增大冠幅，使株形丰满、美观。若作为花坛栽植，用口径 7~12cm 盆培养即可。生长期间叶面宜多喷水，保持湿度，使叶面清新，色彩鲜艳。浇水应以见干见湿为原则，不需大肥、大水，切忌施过量氮肥，否则节间过长，叶片稀疏，株形不美观。经强光照射，彩叶草叶色易发暗并失去光泽，但过于荫蔽叶色则变绿，失去观赏效果，将作为盆栽观赏的彩叶草放置在室内散射光处为好。彩叶草以观叶为主，除留种母株外，都应摘除花茎。

用途：彩叶草是一种非常美丽的观叶植物，是花坛、花镜的良好材料，特别适用于模纹花坛，也可作五色草花坛的中心材料，盆栽观赏也极佳。

思考题：

1. 瓜叶菊可以通过哪些方法进行繁殖？
2. 四季秋海棠的栽培管理需要注意哪些事项？
3. 四季报春有哪些具体的管理措施？

第二节　蕨类植物栽培技术

我国蕨类植物资源十分丰富，有 2 600多种，占全世界的 1/5。其中许多种类十分优美，具有很高的观赏价值。千姿百态的蕨类植物，以其耐阴的生长习性和清新的格调博得了众人的喜爱，常作为室内观赏植物、建筑阴面的地被植物、案头盆栽植物、微型山石盆景和插花配叶植物等。本节主要介绍蕨类植物对环境条件要求和养护管理技术。

一、蕨类植物对环境的要求

蕨类植物为低等植物，其生存环境要求特殊。因此，栽培蕨类植物首先要为其营造适合的环境。

(一) 温度

蕨类植物因原产地不同，对温度的要求也不同。原产热带的蕨类植物，生长适温一般为21~27℃，越冬温度要求12~15℃，低于10℃，生长停止；原产温带或亚热带的蕨类植物，生长适温为16~21℃，越冬温度不能低于7℃；北方露地及高山上的蕨类植物，冬季能耐－16至－20℃的低温，但在5℃以下时生长极为缓慢，如荚果蕨。大多数蕨类在18~24℃条件下生长良好，因此，春天和晚秋是蕨类植物的生长期。

(二) 水分

大多蕨类植物生长于山沟潮湿地或溪边或林缘灌丛湿地中，生长发育要求较高的空气和土壤湿度，尤其在幼苗期。一般室内观赏蕨类要求空气湿度在60%~70%，在生长旺盛时期，每天要向地面喷水，以增加空气湿度。桫椤等喜水湿种类，每天需淋水2~3次；某些叶片对水湿敏感的种类，如鹿角蕨等，切勿将水喷洒到叶面上；附生蕨类可将整个植株（连同根部及栽培材料）浸泡于水中，使栽培材料浸透，夏季每周浸泡1次，冬季数周1次。盆栽蕨类通常要在花盆下放一盛水的垫盆，让水分通过花盆底部小孔不断渗入，以保持盆土湿度，切勿将土生蕨类的根浸泡于水中。蕨类植物既要求湿润的环境，又忌闷热，在夏季须多通风。通风时要注意水分供给，使环境中空气新鲜且不干燥。幼苗期应避免“穿堂风”。

（三）光照

蕨类植物一直被误认为不需要阳光，其实就是生长于岩穴中的蕨类也需要一定的光照。但大多数蕨类植物要求荫蔽的环境，不能忍受直射的强烈阳光。蕨叶在强光照射时会使温度升高和水分丧失，严重的会灼伤叶子。其中一部分种类虽较能耐阴，但仍需要比较柔和的非直接照射光，通常居室的东面或北面窗口照射进来的太阳光是最理想的光源。蕨类植物不同生长期对光线的要求不同。一般生长初期（即抽芽期）需防止阳光过强，如在铁线蕨抽芽期，新生绿芽比较娇嫩，茎还没有变黑，要防止光照过强，多遮阴，避免强光直射，宜用反射光、散射光。光照强时可遮上黑网，光线暗时打开黑网。但如果光线长期不足，则植株徒长，茎叶纤细。休眠期须放在光线充足处。一般来说，多数蕨类植物喜过滤性、间接的反射光、散射光。光线不足，则植株徒长，衰弱或软萎。

（四）土壤与肥料

蕨类植物喜肥，要求土壤富含有机质、疏松透水，多数蕨类适宜生长在弱酸性和酸性土壤中，也有部分蕨类需要弱碱性环境，还有的适宜生长在钙质土中。酸性或弱酸性的土壤一般以塘泥、河沙、泥炭土、腐叶土为主。喜钙的种类以含石灰质的壤土为宜，可在盆底加一层砖瓦碎块，石灰对喜钙种类也是良好的土壤掺和物。

二、形态特征

与种子植物一样，蕨类植物具有适应陆地生活的根、茎、叶等营养器官，能进行光合作用，大多数为绿色自养。

1. 根

蕨类植物的根常为不定根，着生在根状茎上，但也有少数种类不具有根，如松叶蕨、槐叶苹等。

2. 茎

蕨类植物中，拟蕨类常具根状茎，如卷柏、木贼、松叶蕨、石松等，而真蕨类除树蕨等少数种类具有高大的树状地上茎外，均为地下茎，又称根状茎。这些根状茎通常横卧、斜伸或直立，内有分化的中柱组织，外被毛或鳞片等附属物。

3. 叶

叶是蕨类植物最显著的营养器官，按其来源可分为两类。

(1) 小型叶又称拟叶，是茎的突起物，内部只有一条简单的维管束，体积较小，无叶柄和叶隙。卷柏等拟蕨类植物的叶即属此类。

(2) 大型叶为枝的变态，内有复杂的微管组织，形状多样。真蕨类的叶，除少数种类如槐叶萍的水生叶变为须根外，绝大多数属于此类。其特点是叶脉具各种分支，形成各种脉序，幼叶多成拳卷状，成叶分为叶柄和叶片两部分。

三、常见种类

(一) 铁线蕨（图 5 -7)

科属：铁线蕨科、铁线蕨属。

形态特征：为中小型陆生宿根草本植物。株高 15~40cm。根状茎横走，密被棕色披针形鳞片。叶互生，卵状三角形，2~4 回羽裂，薄纸质。

(二) 鹿角蕨（图 5 -8)

科属：水龙骨科、鹿角蕨属。

形态特征：为多年生大型附生植物。植株灰绿色。叶二型，一种为“裸叶”（不育叶），呈圆盾状，紧贴根茎处，叶上密密地披着银灰色的星状毛；另一种为“实叶”（生育叶），直立，基部渐窄，叶柄极短，叶片长可达 60cm，先端呈 2~3 回二叉状分裂，裂片下垂，两面被星状毛。

图 5-7　铁线蕨

图 5-8　鹿角蕨

（三）鸟巢蕨（图 5-9）

科属：铁角蕨科、巢蕨属。

形态特征：为多年生常绿大型附生植物。植株高 100~120cm。叶阔披针形，革质，两面滑润，锐尖头或渐尖头，向基部渐狭，全缘，辐射状环生于根状短茎周围，叶丛中空如鸟巢，故名。有软骨质的边，干后略反卷，叶脉两面稍隆起。

（四）肾蕨（图 5-10）

科属：骨碎补科、肾蕨属。

形态特征：为中型地生或附生蕨，株高一般 30~60cm。地下具根状茎，包括短而直立的茎、匍匐茎和球形块茎 3 种。叶簇生，披针形，长 30~70cm、宽 3~5cm，一回羽状复叶，羽片无柄。

（五）波斯顿蕨（图 5-11）

科属：骨碎补科、肾蕨属。

形态特征：小型陆生植物。根状茎横走，向上簇生于叶丛，叶片一回复叶。

四、繁殖方法

1. 无性繁殖

（1）分株繁殖。将蕨类植物用快刀切割为至少带一个芽的小块另行栽种；或将具有株芽的种类当其株芽生根后从母株上分

图 5－9　鸟巢蕨

图 5－10　肾蕨

图 5－11　波斯顿蕨

离，另行栽种。

（2）扦插繁殖。有的蕨类植物，如卷柏类，直立型植株可于春季切去 4～5cm 长、发育成熟的茎枝，浅插于细沙土中，遮阳并保持 15～20℃及 95% 的相对湿度，其上可形成许多个体。

（3）分栽不定芽。有些蕨类植物，如铁角蕨、鳞片蕨等，在叶腋或叶片上能长出幼芽，可以直接把幼芽从母株上取下培养。将河沙与泥炭土按1∶1混合作基质，将幼芽一半埋入基质，伤口最好用杀菌剂处理，以免腐烂。充分浇水，用玻璃覆盖。

2. 有性繁殖

用孢子繁殖。将活性孢子撒播于保水性和通透性好的基质中，保持湿度即可。

3. 组织培养

对产生孢子量少或不产生孢子及用孢子繁殖困难的种类，或对名贵种类迅速扩大繁殖，可用组培法进行离体快繁。大规模现代化商品生产也需要组培法繁殖。

五、栽培与管理

观赏蕨类种类繁多，生长环境各异，很难采用一种通用的栽培管理方法。大多数蕨类植物喜欢温暖、湿润、通风、排水、散光的环境。影响蕨类植物生长发育的常见因素有环境、栽培材料、种植方法与养护等。

（一）温度与越冬

温度是蕨类植物生长的重要环境条件，大多数喜温和气候，在18~24℃的环境中生长良好，可适应的最低温为10℃，温度过低，大部分蕨类会进入休眠状态，至温度适宜时再自行萌发新叶；但一些不耐寒的品种可能受到寒害，叶片褪绿、萎蔫或焦灼，需将其移至阴暗处，并适当增加空气湿度。

大多数蕨类对低温十分敏感，一些热带和亚热带的种类应特别注意防冻，初霜期前就要采取防寒措施。而温度在28℃以上时生长不佳，因此，夏季要搭建荫棚，适时喷水保湿降低温度。但也有一些北方露地生长的蕨类植物，冬季能耐－16~－20℃的低温，如荚果蕨。

（二）光照和遮阳

蕨类植物喜充足的散射光，强光直射会引起叶片褪绿变黄甚至脱落，大多数蕨类只需散射光，怕折射光或强光，要求荫蔽的环境，宜用来装饰家庭的阴暗角落。若长时间处于过度阴暗环境中，每隔一段时间放到阳光充足处复壮。夏季要搭建荫棚，适时喷水保湿。温室栽种的，要遮蔽夏天中午的强光。

（三）浇水与湿度

蕨类植物又可分为水生蕨类、湿生蕨类和旱生蕨类。应根据不同的种类和季节采取不同的浇水量和浇水次数。夏天需每天浇水，但应根据盆栽容器和摆放位置灵活掌握，保水性好的要减少次数，要常观察土壤湿度，如果湿润则不需要浇水。切忌盆内积水，否则导致根部腐烂。生长期要每天浇水并进行叶面喷水，以保持湿度。发现植株因缺水而凋萎时，要立即将盆浸入清水中，并向植株喷雾。缺水不严重的，几小时后即可恢复。若24小时内仍未恢复，需将萎蔫的叶子全部剪去，可能会重新萌发新叶。冬天要减少浇水的频度，只要盆土湿润可不必浇水。浇水最好在早晨进行，特别是叶片裂片细的品种。晚间浇水，水滴滞留在叶隙间，蒸发慢，易引起叶部病害。

蕨类植物多喜潮湿，对土壤湿度和空气湿度要求较高，相对湿度以60%~80%较为适宜，过于干燥易引起叶片变黄、脱落，可向叶面喷水以提高空气湿度。但因蕨类植物叶片很薄，易引起叶片腐烂变黑，是否喷水决定于天气和周围环境。通常春、夏可多向叶面喷水，并在早晨或傍晚浇水，浇水量以盆中不积水为宜；秋、冬季由于气温低、光照不足，只能选择时机少喷或不喷。天冷时，可用温水在中午浇花，以提高土温，但浇水量和次数比春、夏季要少，保持盆土湿润即可。蕨类的浇灌用水最好用雨水、河水、湖水等。

（四）栽培基质与施肥

1. 栽培基质

蕨类植物栽培基质的种类因栽培方式的不同而不同。土壤栽培的蕨类，要求土壤富含有机质、疏松透水和适宜的酸碱度。附生蕨类，如斟蕨、巢蕨等，宜采用蕨根、朽木、砖块、瓦片、塑料泡沫等。蕨类植物喜肥，要求土壤富含有机质、疏松透水，以微酸性（pH 值为 5.5~6.0）最为适宜。基质一般以泥炭土、腐叶土、珍珠岩或粗沙按 2∶1∶1 配制，或腐熟的堆肥、粗沙或珍珠岩按 1∶1 配制。

2. 施肥

蕨类植物的根较柔弱，不易施重肥。栽植时，基质中可加入基肥；生长期可追施液态肥，浓度不宜超过 1%，直接撒入根系，最多每周 1 次。当温度降低、空气干燥、根系活动减弱时可叶面施肥，以利于植物体的吸收，主要选用市售的观叶植物专用花肥或含氮量较高的肥料，忌用尿素，否则会抑制新叶的萌发。充足的氮会使植株生长旺盛，不足时会使植株老叶呈灰绿并逐渐变黄，叶片细小；过量氮易使植株徒长并降低抗性；磷对蕨类植物的根系生长很重要，缺少会使植株矮小，叶子深绿，根系不发达。可向叶面喷施磷酸二氢钾、过磷酸钙补充磷的不足。

总之，蕨类植物的施肥应薄施、勤施，同时根据需要进行叶面喷施或根外追施。在生长期内，定期喷施 0.1% 尿素和 0.2% 硫酸亚铁溶液，可使叶片保持绿色，提高观赏性及价值。

（五）通风

多数蕨类忌闷热，夏季须多通风，如铁线蕨，要保持叶色深绿就必须有充足的新鲜空气和光照。通风会降低环境温度，但又会降低湿度，因此必须注意水分的供给。使空气不至于干燥又能有适当的新鲜空气。在幼苗期需要注意避免“穿堂风”。

（六）换盆与修剪、复壮

观赏蕨类植物盆栽基质所能提供的营养物质是有限的，长期消耗后会变得贫瘠。另外，如果植株生长过快，根系充满容器，也需 1~2 年换盆 1 次。换盆一般在 2~8 月份进行。换盆时要剪掉老根，但不要损伤新根。重新上盆时，先在盆底放约2cm厚的一层碎石，以利排水；再铺厚度约2cm的木炭，以吸收土壤残留的多余的盐分与有毒气体等，而后加一层骨粉（富含磷肥）。将植株放入盆后，再填入配制好的基质。栽培蕨类植物应适时修剪，既可保持其良好的造型，又可通风良好，使植株生长茂盛。室内盆栽植株会逐渐衰弱，应定期移至室外恢复，通过适时浇水、施肥、换盆、消灭病虫害使之复壮。室外可放置于阳台内侧太阳不能直射的地方，或者适当遮阴。时间以春秋早期较为合适。

六、园林应用

1. 吊篮栽培

有些蕨类植物如巢蕨、槲蕨、铁线蕨、崖姜蕨、鹿角蕨和肾蕨等，采用吊篮种植观赏效果最佳。

做吊篮的材料很多，如金属丝、塑料、硬木、陶瓷、树蕨的茎干以及椰壳。金属丝制作吊篮应用最广，在篮的底部和周边铺上苔藓或棕榈皮，以便吊篮能装足够植物生长的培养土，培养土要求更好的通透性和较轻的重量。吊篮植物的浇水和日常维护非常重要，由于悬挂空中而培养土极易干透，必须定时浇水喷雾，栽培基质内应多掺加一些保水材料如苔藓等，也可将苔藓覆盖在基质表面，以减少水分蒸发。垂吊在水池上方的植物由于空气湿度比较大，生长较好。

2. 瓶景栽培

利用玻璃容器或其他透明材料制作而成的小温室，容器内部形成一个小气候，可维持较高的空气湿度，适合株形矮小、生长势缓慢且极具观赏价值的蕨类植物栽培，如膜蕨类、铁线蕨、粉背蕨、铁角蕨等。栽培基质用盆栽混合土，种植前可施用少量基肥，如腐熟的鸡粪或饼肥。栽植后将容器放在暖和的地方缓苗，经常喷雾，湿度很快会达到平衡状态，以后的管理就是保持湿度适宜，防止容器内温度过高，经常打开盖通风换气，调节空气中氧气和二氧化碳的浓度，以适宜植株生长。

思考题：

1. 蕨类植物对环境有哪些要求？
2. 蕨类植物在根茎叶上有哪些重要的形态特征？
3. 蕨类植物在栽培养护过程中怎样进行浇水管理？
4. 蕨类植物在园林中有哪些应用？

第三节　兰科植物栽培技术

在室内观花植物中，兰科植物以它特有的姿态、丰富的花色和较长的花期深受人们喜爱，尤其时逢春节是人们馈赠亲朋好友的首选。但兰科植物繁殖和栽培技术不易掌握。本节主要介绍兰花的组织培养及栽培管理技术。

一、对环境的要求

（一）温度

兰花喜温暖气候，绝大多数分布于热带地区，其次是亚热带地区，只有少数产于温带地区。兰花生长的自然环境中，白天温度很少超过 32℃，夜间温度很少低于 15℃，仅冬季略低一些。冬季热带兰白天要保持 15~20℃，夜间不低于 15℃；亚热带兰白天不低于 13~15℃，夜间 10℃；温带兰和高山兰白天不高于 7℃，夜间 0~3℃，许多热带北缘高山和亚热带的兰花在冬季有休眠期，有的落叶，有的虽不落叶但生长缓慢或接近停止，其需要低温的冬季，否则不能开花结果。春兰、蕙兰原生种（杂交品种例外）在我国广东南部、海南、台湾等地栽培，不经特殊催花

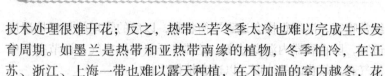

技术处理很难开花；反之，热带兰若冬季太冷也难以完成生长发育周期。如墨兰是热带和亚热带南缘的植物，冬季怕冷，在江苏、浙江、上海一带也难以露天种植，在不加温的室内越冬，花期推迟到5月份，并且花后发芽期正好遇到高温季节，生长缓慢或停止。

（二）水分和湿度

兰花比较耐干旱。其假鳞茎能贮藏水分，叶片有厚的角质层和下陷的气孔，能保持水分减少散失；肉质根能从空气中吸收水分，因此，能适应短期的干旱。自然界中，兰花对干湿度的适应性表现特别明显，适宜一年四季干湿交替的变化。

地生兰生长在林下厚厚的落叶腐殖质中，根系分布较广。该层土壤疏松、通风、透气、排水性能优越。因此，栽培兰花根际宜通气良好，要求土壤疏松、排水良好，且不能过于潮湿。过湿根系呼吸受阻，易引起根系腐烂或感染病害，导致全株死亡。通常只要求土壤润湿。

兰花的生长要求有较高的空气相对湿度。热带雨林区夏季的湿度一般在70%~90%，中国亚热带地区也达到60%~80%，但冬季降至40%~50%。因此，栽培兰花要求夏季空气相对湿度不低于70%，特殊种类（如墨兰）则要求达到90%；但冬季休眠期可降低至50%，夜间比白昼低10%~20%。对空气相对湿度要求总的规律是：生长季节高，休眠季节低；白昼高，夜晚低；热带兰高，温带兰低；附生兰高，地生兰低；高温高湿，低温低湿；晴天高湿，阴雨天低湿（加强通风降湿）。

（三）光照

大多数兰花生于有阳光又有遮阳的自然环境中，诸如孤立木上、林缘、林中透光、岩壁有散光处等。茂密的树木、突出的岩壁遮挡了强烈阳光的照射，因此，兰花是喜阴植物，但阳光对兰花又是不可缺少的。根据兰花对需光量的要求，可分为阳性、半阴性和阴性3类。阳性的兰花，基本上无需或只需要稍稍遮光，一般遮去日光强度的10%~40%；半阴性的兰花，需遮去日光强度的以50%~80%；阴性的兰花需遮去日光强度的80%~90%。

兰花因种类不同、生长季节不同而对光照的要求也不一样。一般冬季要求充足光照，才有利于生长发育；夏季因阳光过强、温度过高，必须予以遮阳。中国兰、建兰和蕙兰比较喜光，荫蔽度以50%~70%为宜；兰花要求荫蔽度大些70%~80%；墨兰要求荫蔽度达85%。

（四）通风

兰花在自然环境中大多是四面通风的。附生兰连根都暴露在空气中，地生兰则大多数生于腐殖质和砾石多的地方，空气也是流通的。因此，兰株及兰花根部也要求通风透气。养兰的地方要经常保持空气新鲜，以利于兰株进行呼吸作用和光合作用。

通风最主要是供给兰花新鲜空气，空气中所含的二氧化碳及其他游离成分都是兰花新陈代谢所必需的，分布于叶表面的气孔可吸收空气中二氧化碳和其他养分；有些附生兰根也能从空气中吸取养分。因此，不断更换空气对兰花生长十分重要。通风还可以排除污浊的空气（包括有害气体），调节温度，抑制病虫害的滋生和蔓延等。此外，由于二氧化碳比空气重，微风可使二氧化碳流动，利于与叶片接触而被利用。

（五）土壤

传统栽培要含有大量腐殖质、疏松透气、排水良好、肥分适宜、中性或微酸性、无病虫害的土壤。现代栽培抛弃了传统的栽培方法，而采用无土栽培基质诸如陶粒、火山石、蛇木、水苔等，这些基质透气、排水良好、不会板结、适宜兰花生长。

二、兰科花卉的形态特征

根粗壮，数根近等粗，无明显主次根之分；无根毛，有菌根，也称兰菌，起根毛的作用，它是一种真菌。

茎因种类不同，有直立茎、根状茎和假鳞茎之分。直立茎同正常植物一般短缩；根状茎较细，索状；假鳞茎是变态茎，由根状茎上生出的芽膨大形成。地生兰大多有短的直立茎，而热带兰大多为根状茎和假鳞茎。

叶国兰一般为线形、带状或剑形；热带兰多为肥厚革质，为带状或长椭圆形。

花具有3枚瓣化的萼片，3枚花瓣，其中，枚成为唇瓣，具1枚蕊柱。

果实和种子蒴果开裂，种子多且发育不全，地生兰不具胚乳。

三、兰花的品种分类

1. 按植物形态分类

(1) 地生兰生长在地上，花序通常直立或斜向上生长。亚热带和温带地区原产的花卉多为此类。中国兰和热带兰的兜兰属植物属这一类。

(2) 附生兰生长在树干或石缝中，花序弯曲或下垂。热带地区原产的一些兰花属于这一类。

(3) 腐生兰无绿叶，终年寄生在腐烂的植物体上生活，园艺中没有栽培。

2. 按东、西方地域差别分类

中国兰又称国兰、地生兰，是指兰科兰属的少数地生兰，如春兰、蕙兰、建兰、墨兰、寒兰等，也是中国的传统名花。主要原产于亚洲的亚热带，尤其是中国亚热带雨林区。一般花较少，但芳香。花和叶都有较高的观赏价值，主要为盆栽欣赏。

几种国兰的的共同点和不同点如下。

①共同点：具假鳞茎，叶片有一定数目，成长后不再增加，

叶多常绿，带状，上下几乎等宽，基部较窄，花径较少，不超过6cm。

②不同点：叶边缘有细锯齿（蕙兰、春兰），其中蕙兰的叶脉明显，花序具多数花，夏初开花；春兰的叶脉不明显，单花，春季开花。叶边缘不具细锯齿（建兰、墨兰、寒兰），其中建兰的花莛短，低于叶片，夏秋开花；墨兰的花莛长，高于叶面，叶宽2cm以上，冬春开花；寒兰的花莛长，高于叶面，叶宽2cm以下，秋冬开花。

③洋兰是对国兰以外的兰花的称谓，主要是热带兰。常见栽培的有卡特兰属、蝴蝶兰属、兜兰属、石斛属、万代兰属的花卉等。一般花大、色彩，但大多数没有香味。以观花为主。

热带兰主要是观赏其独特的花形，艳丽的色彩。可以盆栽观赏，也是优良的切花材料。

四、兰花的繁殖方法

有播种、扦插、分株及组织培养等方法。

（一）种子繁殖

主要用于新品种的选育。由于兰科易于种间或属间杂交，杂种后代可用组织培养方法繁殖。一般采用组织培养的方法播种在培养基上，种子萌发需要半年至1年，要8~10年才能开花。

（二）扦插繁殖

据插穗的来源性质不同分为以下几种。

（1）顶枝扦插适用于具有长地下茎的单轴分枝种类，如万代兰属、蜘蛛兰属等。

（2）分蘖扦插适用于单轴分枝及具假鳞茎的属，如万代兰属。

（3）假鳞茎扦插适用于具假鳞茎种类，如卡特兰属、兰属等。

（三）分株繁殖

适用于具假鳞茎的种类，如卡特兰属、兰属、石斛属、兜兰属。一般3~4年生的植株可以用来分株繁殖。一般普通种3年1次，名贵种5年1次。冬春开花品种在秋末分，夏秋开花种类在新春分。分株前，先使盆土略干，以使根系变软，在分株栽植时不易断根。

（四）组织培养

兰花种苗靠自然分株繁殖增殖率低，速度慢，远远不能满足大规模生产的需要。运用兰花植物茎尖组织培养法是快速大量生产兰花种苗的最好途径。以蝴蝶兰为例介绍兰花的组织培养。

1. 初生代培养

（1）外植体采集与消毒。

①以茎尖为外植体。一般用5~6片叶的幼苗。先将苗的根和叶片切除，用肥皂水冲刷，再用自来水反复冲洗。消毒处理：用75%酒精将材料浸泡2秒钟，再用0.15%升汞消毒20分钟，用无菌水洗4~5次。在超净工作台上剥取生长点，使生长点部分带有2~4枚叶原基，每个生长锥可切取2~4块带有分生能力的外植体培养物，将其接种到培养基上。

②以叶片为外植体。取新鲜幼嫩心叶，用肥皂水洗刷后，用自来水反复冲洗。消毒处理：用75%酒精将材料浸泡1~2秒钟，再用0.1%升汞消毒15分钟，用无菌水洗4~5次。将叶片放置于培养皿中，切取2cm为一块，将其接种到诱导培养基上。

③以花梗为外植体。一般取靠近基部1~4节芽眼的花梗，消毒操作方法同叶片，但使用升汞浓度为0.2%，消毒时间20分钟，因为花梗比幼叶耐药性强，而且腋芽被芽苞包着，不易杀伤。浓度高些，消毒时间长些，消毒效果更好些。消毒后将花梗每节间切为一段，每段留有1个芽眼。

（2）接种。茎尖接种将茎尖放在培养基上，轻轻往下稍压；

叶片接种以切口一端轻插入培养基中，或平放于培养基上，并在切口一端往下轻压。花梗接种按自然生长方向插入。

（3）初生代培养基。茎尖、花梗为外植体的培养基：MS + BA 3mg/L + 蔗糖 3% + 卡拉胶 0.6%（pH 值为 5.4）；叶片为外植体的培养基：MS + KT 0.4mg/L + NAA 0.2mg/L + 蔗糖 1% + 卡拉胶 0.6%（pH 值为 5.4）。蝴蝶兰在培养中，伤口部位常会分泌出酚类化合物，造成培养物和培养基褐化，培养物坏死，要及时将培养物更换到新的培养基上。茎尖培养经过 20 多天后，伤口部位会长出愈伤组织并逐渐分生出原球体；以叶片为外植体的经过一个多月后，叶片逐渐转黄，在伤口部位产生愈伤组织并逐渐分化出原球体。蝴蝶兰株龄越小，叶片越幼嫩，越容易产生愈伤组织，越容易分化出原球体。叶片以靠叶基部的一段较容易诱导出原球体；花梗培养，接种后 1 个月可观察是否成活，成活的花梗腋芽的苞片张开，可看到肿大的芽眼。在超净的工作台上把花梗取出将芽眼切削下来，并在芽的基部轻切一刀，转入新的培养基上。经过 2 天左右后会长出新芽。此外，将芽剥离出茎尖，连同叶片培养，也可诱导出原球体。

2. 继代培养

外植体培养出来的原球体应该尽快增殖。一般原球茎增殖与分化成苗同步进行，即在一瓶苗里，原球体不断增殖，同时有一部分形成较早的原球体分化成为小苗。一般 1 瓶原球体可分化成 2 瓶苗和 3 瓶原球体，或 3 瓶苗和 2 瓶原球体。但不同品种增殖与分化比例有一定差异。在增殖初期阶段，为了获得更多的原球体，也可将部分已经分化成苗的小苗取出剥离增殖。增殖分化的培养基：2/3MS + 蔗糖 2% + 卡拉胶；美国产花宝 1 号 2.5g/L + 花宝 2 号 0.5g/L + 蔗糖 2.5% + 卡拉胶 0.7%（pH 值为 5.4）。每次转管时把分化成苗的挑选出来，转到长根壮苗的培养基上，把原球体转到新的增殖培养基上继续培养。

3. 长根壮苗培养

将增殖培养基上长出的小苗转移到长根培养基上培养，经过3个月左右可长成有3~4片叶和粗大的气生根的壮苗。这一阶段的培养基：MS＋蔗糖2%＋碳0.6g/L＋卡拉胶0.7%（pH值为5.4）。

4. 移栽假植

试管苗出瓶前要经过一段时间炼苗，将达到标准的瓶苗移至光线较好的漫射光下（自然光），炼苗半个月，再将苗从瓶中取出，洗净晾干后假植。假植育苗的基质可用晒干后的苔藓，用0.1%高锰酸钾浸泡24小时后再晾干，将苔藓摊开平铺于能滤水的沙网制成的苗床架上，苔藓厚度3~4cm，植时用清水喷苔藓表面稍为湿润，将苗植于基质上，置于能防雨水的荫棚中管理。植后根据棚内湿度情况，1~2天喷1~2次水，湿度过高过低都不利于苗的成活和生长，应注意观察。每半个月喷1次800~1 000倍的多菌灵等杀菌剂，20天以后可用MS的大量和微量元素液或花宝喷施叶面。经过3~4个月，约有90%以上的小苗成活长出新根新叶，当长出的新根有3~4条、长2~3cm时，就可上盆种植。

五、栽培管理

（一）基质和容器准备

1. 基质选择

兰花喜欢疏松、透气、肥沃、排水良好的微酸性土壤。兰花栽植基质一般有五大类：砂石料、土料、植物料、渣料和其他。砂石料有粗河沙、膨胀石、火山石、珍珠岩等，这类基质要分大小使用，大粒的保水透气性良好，放于兰盆底部，使用效果极佳，小粒的放于大粒之上，细粒的可固定兰根。土料有腐叶土、沙壤土、火烧土等，要求含有丰富的有机质，透气透水，质地疏松、不黏结，无病菌，pH 值 5.5~6.5；植物料有水苔、松枝叶、树皮、木屑、椰糠、花生壳等，可与细砂石料和土料混合作培养土，水苔和椰糠可铺于盆面保湿。另外，煤渣、木炭、发泡塑料等均可搭配其他基质使用。

栽培基质不仅影响兰花的正常生长，也是许多兰花病虫害的来源。使用安全、良好的基质防治兰花病虫害比栽植后使用药物防治更有效。在栽植前基质要消毒，方法是：将基质用塑料袋装好、包扎，在太阳下暴晒、发酵，可杀死基质中大量的病菌。

2. 兰盆选择

（1）塑料盆。排水良好、耐用、价格便宜，但不吸水；尺寸、颜色多样；盆边缘钻有许多孔洞，以利通气及排水。适用于任何品种，商业生产中多使用。

（2）塑料子母盆。特性与塑料盆相同。特点是内部子盆透明并具孔，培养期间可将子盆抽出，检查兰根生长情况。母盆黑色。子盆与母盆之间有空气夹层，能满足通气保湿的要求。

（3）素烧瓦盆。透气性良好，价格便宜，但外观较为粗糙，不很美观，多用于生产。

（4）瓷盆或釉盆。外观色泽美丽，并有不同图案，但透气及透水性均差。容易烂根。

（5）透气紫砂盆。透气性能比釉盆好，外形美观，可以长期用来栽兰，既好看又透气。

选盆应根据实际情况，按使用场合、兰花大小合理挑选。新购回的泥质兰盆需退火，旧盆要洗干净，晾干消毒后可重复使用。

3. 兰株处理

栽植前剪去朽根、断根、烂根，用自来水冲洗干净，再用 800~1 000倍的高锰酸钾或甲基硫菌灵泡根 10 分钟左右，取出放于阴凉处晾干，也可用木板等遮住兰叶在阳光下晒干，根变软时即可栽植。

(二) 栽植和分株

兰花栽植既要易于兰花生长，又要美观。先将兰苗理成与盆相称的一撮苗，使新芽向外。用粗石料（碎砖、碎瓦片）铺底作排水层，厚度为盆深的1/5~1/4。排水层上加粗土，把盆在地上轻磕几下，再轻压盆边的土，使盆中央的土稍高于四周。将理好的兰苗置于盆中心，一手扶苗，一手添加培养土，加至适当高度时，用手轻提兰苗，理顺兰苗的根系，然后再填土、轻轻压实，使兰根系与土紧密结合。栽时应使兰根不外露，假鳞茎露出1/3~1/2，盆土中央宜稍高出盆1~2cm，呈馒头状，盆面铺层小石子或水苔。栽植后第1次浇水（定根水）要浇透，浇不透兰苗很难成活。

盆内兰株过多时应分株。先将兰盆托起并轻拍盆壁，使盆土松散；然后抖落根团中的土，取出兰苗。用自来水冲洗根部，剪除空根、枯叶及染病的叶片，放于阴凉处晾干或晒根，待主根发白变软后，在假鳞茎间的分离点用剪刀剪开，伤口处撒草木灰防止腐烂即可上盆。分株后2~3天不宜浇水，此后即可正常管理。

(三) 浇水和施肥

1. 浇水

大多数兰花性喜湿润而怕过度的水分滞留。但不同种类的兰花的水分的需求不同，要分类放置，最好不要放在同一个架上；用泡沫塑料、树皮、卵石、兰石等颗粒料做栽培基质时，水分蒸发比用水苔、紫萁、腐殖土做基质快得多，故用不同基质培植的兰花也不能放在一起。性质相同的兰花要集中摆放，便于观察记录，可以集约化管理。

(1) 水质。中国兰花大多来自热带、亚热带森林地区，那里的基质与水分多数呈酸性（pH值5.2~6），所以，水质过酸或过碱都会对兰花产生有害影响。城市自来水pH值往往呈中性或微碱性，如果水的 pH 值过高，可用盐酸、磷酸、草酸、醋酸或柠檬酸处理，调至 pH 值 5.5~6.5。反之，在南方个别地区，水的酸性过大时，可用氢氧化钠或氢氧化钾调节。

（2）浇水次数和时间。浇水的次数随季节交替。夏季应勤浇水，冬季则需严加控制。颗粒料应勤浇水，土壤和腐殖质则需严加控制。一般不干不浇，干则透浇。浇水时间除中午灼热和夜晚寒冷不宜外，白天其他时间都可以。浇水以基质湿润度为依据。间隔浇水时间根据兰花的种类、基质、栽培环境和当地气候条件决定。要细心观察，结合实际作出判断。通常不能使基质完全干燥。用水苔或部分用水苔种植兰花时，若水苔变成白色，则表明过于干燥；若用树皮、泡沫塑料等作基质，外表虽干燥，内部可能尚较潮湿，要仔细观察。例如：春季时春兰处于花期，土壤保持湿润即可；处于休眠期的惠兰、建兰等要少浇，浇水应在晴天上午 10 时左右。夏季气温高，兰花生长旺盛，浇水要充足、浇透，应在早晚浇水，还需喷雾，喷雾时要向上喷，使喷点落下细匀，叶面湿润。

因环境、植料、苗情、盆钵材质和兰株大小不同，浇水无固定模式。总的要求是：冬春偏干微润，夏季常润微湿，浇水过湿则烂根，控水过干则根空。

（3）浇水的方法。

①灌注。用壶嘴直接将水注入基质。一般要用长嘴水壶，避免壶身触碰兰盆和兰花；水要缓缓注入，一定要使基质湿润。不可用大口径水壶或自来水管猛浇，以免溅起泥土，污染叶片，或引起树皮等基质漂出花盆之外，也不致使基质温度剧升剧降。

②喷洒。要用莲蓬式喷头，幼苗则需用小孔喷头，以免伤害嫩叶、嫩茎。注意不要喷花蕾、花朵，以免腐烂。喷水对过高的室温有缓解、降温的作用。

③浸盆。将花盆放入水中，自下而上润湿基质，以湿透为

度，不可过湿。

总之，浇水要遵循兰花既怕久旱又忌积水，喜欢润而不湿、干而不燥的特性。

2. 施肥

兰花的根部一般与真菌共生，真菌穿入兰花根部，最后自身被兰花根部吸收作养料。但真菌供给的养分是不充分的，仍需施肥。在自然状态下，兰花多生于富含腐殖质、基质疏松、排水良好的环境中，附生兰更是附着在略有积土或苔藓、腐殖质集聚的岩壁或树干上。它们未能摄取太多的肥分，也无需太多肥料。过浓的肥料反而会伤害兰花，甚至引起死亡。因此，合理施肥对于促进兰花生长十分必要，尤其是商业生产或大规模栽培。由于兰花进口检疫制度的执行，以土壤和腐殖质栽培的模式多被淘汰，多为不含多少养分的无菌的颗粒料栽培，因此，合理施肥至关重要，只需薄肥勤施，以求适当平衡即可。

(1) 肥料种类。有机肥要经过发酵 2~3 个月后才能使用。稀释倍数为有机肥加 20~30 倍水或更稀。以牛粪为例，要稀释至淡黄色，澄清后去渣备用。出口兰花一般不施用有机肥。化肥一般要稀释 1 000~10 000倍，对于幼苗和新芽，氮、磷、钾的比例一般为 3：1：1，成长的植物为 1：1：1。若促使兰株更好地开花，则以 1：3：1 为佳，外加适量微量元素。上述各营养素的比例是实际含氮、磷、钾之比，与农业化肥标示规定的磷、钾氧化物含量计算不同，化肥中可吸收的含量标示量低，即磷、钾肥不足。有些兰花专用肥可以满足栽培的需要。也可用分析纯度化学试剂自行配制。

(2) 施肥方法。兰花施肥要十分小心，以免伤害根部，引起死亡。一般不主张用基肥，掌握不好用量会引起有毒盐分积累，导致根部受害；可用肥效高、用量少、使用方便的叶面肥，用细口喷头喷洒于叶面，宁可浓度稀一些、次数多一些，也不要太浓、间隔太长。通常春季和夏季可每周1次，稀释倍数可以再大一些；或与浇水相间进行，水还可清洗滞留肥分，效果更好。施肥“宜勤而淡，忌骤而浓”。

施肥季节，一般从春末开始、秋末停止，有些种类可以提前一些。施肥时间以气温适中（10℃以上）为宜，避免在30℃以上或10℃以下施肥。温度太高施肥，会伤害兰花本身；温度太低施肥，则不易吸收，浪费肥料。

（四）温度调节、越冬与遮阳

引种栽培不同地区、不同环境的兰花，必须建立温室。可分为热温室、暖温室和凉温室3类，其温度的调控与热带兰、亚热带兰相似。

温室温度的设计根据兰花种类而定。现在有计算机自动控制的智能化温室，能够提供适宜的温度、湿度、光照等，非常适合兰花的培育，但投资比较大。总的来说，兰花既怕高温，又怕严寒。夏季高温和冬季夜间温度太高对兰花生长都有害。北方兰花温室要特别注意防止夜间高温。此外，闷热和湿冷也是兰花生长的大敌。

国内一些现代化的大型专业兰场多数采用智能温室控制系统，变革了兰花的种植模式，极大地满足了兰花的生长要求，加快了成苗的速度。例如，春兰在自然条件下，一个新芽发育成熟需要5个月时间，如果去除萌芽期低温、生长期高温等不利气候对兰花生长造成的停滞天数，即在较适宜的条件下，一般3~4个月新芽才能发育成熟。而智能温室不仅发芽数可达到3次以上，而且萌芽率也有很大提高。

传统养兰调节温度的方法，夏天多用帘子、遮阳网等遮阳，由于强调通风，遮阳网架的很高，荫棚下阳光仍然很充足，因此，温度仍很高。有的用加密帘子，或以两层遮阳网阻挡，这种方法不甚合理。合理的遮阳方法应是分层遮阳，如以3张遮阳网分3层遮阳，阳光经3层遮阳网阻挡，温度就不致太高。至于3层遮阳网的高度和间隔距离，依操作方便和环境条件而定。遮阳网的层数可视天气及温度调试。若场地空旷、通风好，可用泡沫塑胶板遮阳，效果极佳。若配以电扇通风，效果更好。

（五）光照调节

1. 光照时间和光量调节

人们常用调节光照时间和光量办法，使兰花开花时间提前或延迟。延长光照时间至14~16小时，可促进小苗及中等植株提早开花；但对成熟兰株，光照时间不超过8小时，可促进开花；冬季开花的兰花，昼短夜长和低温可以促进开花；夏季开花的兰花，若使其提前开花，要求昼长夜短和高温。春季开花要求较长的日照，若在室内补充光源，春兰的花开得较好，因为较长光照时数有利于花芽的形成；墨兰在白天短、夜间长的环境下，易形成花芽；而寒兰、建兰的成花对光照时数没有严格的要求，只要其他条件适合，都能开花。所以，墨兰、春兰带花苞上市比较容易，建兰次之，寒兰因其花期不统一比较困难。

适度的光照可使兰花叶绿而质地细腻且有光泽，花芽分化较多，开花较早，花色正常，叶片上条或斑点的观赏特色（叶艺）的出现与日光有关。兰盆晒光可促进叶的艺变。方法是：选择生长健壮、有3株以上相连在一起的兰苗，在夏天上午9时以前、冬季上午10时以前，把兰盆放在日光下，不能出室过迟，否则会伤到兰根。盆内插上温度计，30℃时将兰盆移至阴处，降温至25℃时再移出见日光。如此反复，一冷一热，一阴一阳，有利于叶内可变因子的形成。

2. 光照度、光周期调节

调节光线主要靠遮阳，即减弱光线而不是完全挡住光线。兰花半阴性和阴性种类占兰花种类的4/5以上。模拟自然环境，遮阳是比较理想的方法之一。南方一些兰场用种植树木和藤蔓植物形成荫棚，北方在温室周围种植各种植物用来夏季遮阳。但由于植物不能自由移动，有其局限性，可同时采用其他人工遮阳装置。用得最多的是遮阳网，既轻便，又耐用，而且有不同遮光度的规格可供选用。

夏季可利用荫棚养兰，荫棚形式可以多样化，建筑材料也有不同来源。比较坚固的永久性建筑可用钢筋混凝土做骨架，上面铺盖竹帘或木条。也可以用竹、木、钢管作为骨架，上盖竹帘或木条板、帆布或有色塑料板。帘、条、板等应有不同的疏密度，最好能安装灵活，便于随时自由调节，以控制遮阳度。兰花数量不多时，可用有色的塑料板、塑料薄膜、草席、苇帘遮阳。家庭养兰于阳台院落的，可用苇帘遮光，也可每天搬进搬出。

（六）环境湿度控制和通风

1. 湿度的控制

增加空气湿度的办法主要有地面洒水、空中喷雾及增加储水器面积等。降低湿度可以通过通风。

（1）地面洒水。温室地面最好不要用水泥地，至少不要全部是水泥地，地面上铺以碎石、细沙等物，经常喷水保持湿润。干的角落要洒水，架子、周围玻璃、墙壁亦可洒水。注意喷水不要溅在兰花上。

（2）空气喷雾。喷雾通常与风扇联动，并且有温、湿度传感器，自动控制，可同时解决通风、降温和增加空气湿度的难题，一般在夏季采用。无自动控制系统的，可根据温湿度表度数，人工控制喷水、喷雾次数。若温室地面为水泥地宜多喷，土面宜少喷，夏季多喷，冬季少喷，以保持空气湿度，使植物的叶面、花、芽心和根部留有水分。通常高温、干旱天气每天向空中喷雾3~4次，阴天喷1次或不喷雾，冬季最多1次。最好在早上太阳出来后和下午太阳高时喷水，不可在黄昏与夜晚进行，更不可使植物体滞留水分进入夜晚。

此外，喷水的水温最好与室温相近，忌水温太高或太低，只有室温太高时，才可用冷水降温。

(3) 增加贮水器面积。温室放置一定数量的贮水器，不仅可增加温室内空气相对湿度，也可用来浇花，北方温室尤其需要。贮水器内可以养殖水藻和其他水生植物或鱼类，既能改变水质，也可增加肥分。

2. 通风

温室通风主要采用排风扇，辅以开窗通风。一些成熟的兰场和精品兰室，都装有自动控制温室，或至少配有空调装置。中小兰场大多用塑料棚和简易温室种植兰花，通风主要靠排风扇。排风扇可装在棚顶或地面，不能对着兰花吹，应向水平方向吹，效果很好。特别是棚顶风扇，能迅速吹走热气，防止温室温度过高。要防止从外面吹入太多干燥的空气而引起温室湿度降低，夏季可结合湿帘系统以降温和增湿，但要预防室内外温差太大而引起室内温度剧变，影响兰花生长。要根据当时当地的气温、湿度等气候条件以及兰花种类等予以合理调节。

(七) 修剪

1. 工具消毒

修剪之前要消毒工具。用乙醇（酒精）、高锰酸钾、1mol/L氢氧化钠（钾）、福尔马林等消毒剂或沸水消毒均可，也可用火烧烤20~30秒钟消毒。若修剪病害植株，消毒更要严格，特别是在修剪之后，工具应浸泡消毒，以防止传染病毒。

2. 根、茎、叶修剪

兰花是多年生植物，常存留有过多的老叶和老假鳞茎，既影响美观，又不利于空气流通，还容易感染病害，要注意适时修剪。老假鳞茎可以用来繁殖，扩大栽培基数。对于已枯黄的老叶和病叶，要毫不保留地清除；叶尖出现干枯的也要及时清除；适当剪除不健康的叶片，剪除过多，影响兰花正常生长，叶片修剪时残端以锐角为好；健壮大株兰花，如四季兰常见根群盘生，甚至缠绕着新芽，可及时换盆，将根群理顺，并修剪过长根系或空根、病根。

3. 花葶修剪

兰花欣赏重点在于花品，不在于花多。花葶（箭）和花消耗大量养分，要保证其品质，同时要限制其数量，以免过多消耗养分。如果出现花芽过多，需及时除去，否则会影响第二年开花，而且当年也因花太多而品位不高。通常于长出花葶开花前，根据情况选留1~2个最具观赏价值的花芽。蕙兰因一茎开多数花，故宜留1个花葶，使其发育充实，开出高品位的花。花葶还是不可多得的快速繁衍材料，可利用修剪下来的花葶作为外植体。

4. 花后修剪

开花半个月左右摘除花葶，蕙兰则于最顶之上开花1周左右剪去花葶。如果不要种子，千万不要保留凋谢的、受精的花朵，因为结实消耗养分最大，而结实时间越长，营养消耗越大。如进行杂交育种，可提前采摘兰荪用于胚培养，以利于兰株恢复并早日萌芽。

思考题：

1. 兰科植物对环境条件有怎样的要求？
2. 兰科植物品种的分类。
3. 蝴蝶兰的组织培养繁殖是怎样进行的？

第四节 四大鲜切花生长技术

一、栽培管理

切花栽培管理与一般花卉栽培既有相同之处，也有不同之处。总的说来，鲜切花栽培对环境条件和栽培技术的要求更高。

（一）选地与整地

切花栽培用地要求阳光充足，土质疏松、肥沃，排水良好，以 pH 值 5.5~6.5 的微酸性土壤较好，大部分球根切花对土壤盐分比较敏感。生产基地周围无污染源，水源方便，水质清洁，空气清新。

土壤耕翻深度依切花种类不同而定。一二年生切花，因其根系较浅，翻耕深度一般在 20~25cm。球根、宿根类切花 30~40cm。木本切花因根系强大，需深翻或挖穴种植，深度至少在 40~50cm。

（二）定植

切花栽培以密植为主，并注意“浅植”。株行距大小依据不同切花后期的生长特性，剪花要求来决定，如月季 9~12 株/cm^2，香石竹 36~42 株/cm^2 等。定植不宜过深，特别是非洲菊一类“根出叶”的种类，不可将生长点埋入土中。

（三）灌溉与施肥

1. 灌溉

水分管理是一项经常性的细致工作，在很大程度上决定切花栽培的成败。

（1）依不同切花的特性浇水。掌握不同切花的需水特性，因“花”浇水，才能取得好的效果。如花谚中“干兰湿菊”，说明兰花这种阴生植物需较高的空气湿度，但根际的土壤湿度又不宜太大；而菊花是喜阳花卉，但不耐干旱，要求土壤湿润，但又不能过于潮湿、积水。一般来说，大叶、圆叶植株的叶面蒸腾强度较大，需水量较多；针叶、狭叶、毛叶或革质叶、蜡质叶等叶表面不易失水的种类则需要水较少。

（2）根据不同生育期浇水。同种切花植物在各个不同的生长发育阶段对水分的需求量不同。一般来说，幼苗期的根系较浅，虽然代谢旺盛，但不能浇水过多，只能少量多次；以后随着植株生长，应加大浇水量；进入开花期，应控制水分，以利提早开花和提高切花品质。

（3）根据不同季节、土质浇水。就全年来讲，春秋两季少浇，夏季多浇、冬季不浇。以温室栽培切花菊为例，一般冬季水分的消耗为夏季的1/3，为春、秋季的1/2。就土质而言，黏性土保水性强，少浇为宜；而沙性土保水性差，应增加浇水次数。就每次浇水量而言，以浇透为原则，干透浇足，不能半干半湿，避免浇水时出现“干夹层”。土壤经常而适度的干湿交替，对植物根系发育有利。

（4）浇水时间。夏季以早、晚为好，秋冬季则可在近中午时浇水。原则就是使水温与土温相近。如水温与土温相差较大，会影响植株根系活动，甚至伤根。

2. 施肥

基肥以有机肥为主。施肥量及用肥种类依据切花生育期的不同而有差异。在幼苗生长期、茎叶发育期多施氮肥，可促进营养器官的发育；在孕蕾期、开花期则应多施磷肥、钾肥，以促进开花和延长开花期。通常生长季节每隔7~10天施1次肥。施肥前要先松土，以利根系吸收，施肥后要及时浇透水。施肥要掌握薄肥勤施的原则，切忌施浓肥，不要在中午前后或有风时施追肥，以免伤害植株。

(四) 中耕除草

除草一般结合中耕，在花苗栽植初期，特别是在秋季植株郁闭之前将杂草除尽。也可使用化学除草剂，但浓度一定要严格掌握。

(五) 整枝修剪

整枝修剪是切花生产过程中技术性很强的措施，直接影响花枝的多少和开花期。切花整枝修剪包括摘心、除芽、除蕾、修剪枝条等。通过整枝可以控制植株的高度，增加分枝数，提高着花率。通过除去多余的枝叶可减少养分消耗，也可作为控制花期或植株第二次开花的技术措施。

1. 摘心

摘除枝梢顶芽，称为摘心。摘心能促使植株侧芽的形成，开花数增多，并能抑制枝条生长，促使植株矮化，还可延长花期。如香石竹每摘1次心，花期可延长30天左右。

2. 除芽

除芽的目的是除去过多的腋芽，以限制侧枝条和花蕾的发生，并可使主茎粗壮，花朵大而美丽。

3. 剥蕾

通常是摘除侧蕾，保留主蕾（顶蕾）或除去过早发生的花蕾和过多的花蕾。

4. 修枝

剪枯枝、病虫害枝、位置不正易扰乱株形的枝、开花后的残枝，改善通风透光条件，并减少养分消耗，提高开花质量。

5. 剥叶

经常剥去老叶、病叶及多余叶片，可协调营养生长与生殖生长的关系，有利于提高开花率和花的品质。如马蹄莲、非洲菊作切花栽培时，应及时剥除老叶、病叶及多余的叶片。

（六）张网

用网、竹竿等物支缚住切花，保证切花茎秆挺直，不弯曲、不倒伏。例如，香石竹、菊花做切花栽培时，生产上常用网目为10cm×10cm的尼龙网格作为支撑物。支撑物于定植时铺设在栽培畦上，四周用木棍或竹竿绷紧。以后随着植株长高，逐渐将支撑物上移。一般网状支撑物需铺设2~3层，定植时全部叠放在一起，以后逐渐向上拉开，第一层高出地面15~20cm，两层的间距一般15cm左右。

二、采收技术

（一）采前管理

采前管理决定切花品质。在阳光充足、温度适宜且昼夜温差大的条件下，同化产物的储存较多。糖分的积累可促进花青素的转化和呼吸代谢的进行，使切花生长健壮、花大色艳。切花采前要少施氮肥，偏施含钙、钾、硼元素的肥料，使枝梗坚硬、疏导组织发达，能抵抗病虫害侵袭。另外，适当控制灌溉可避免枝梗细软下垂。

（二）采收期

1. 花期采收

采收时期应适宜，在能保证开花的前提下，应尽早采收。不同的种和品种采收期不同。月季采收过早则花茎易弯；采收过晚，减少瓶插寿命。一般红色或粉红色品种，以花萼片反卷，开始有1~2片花瓣展开为适；黄色品种可比红色品种略早采收，白色品种则宜略晚些。菊花中的大菊在中心小花绿色消失时采收，蓬蓬菊多在盛开时采收。唐菖蒲以花序基部1~5朵小花初露时采切为好，采切时花茎带上2片叶。香石竹以花朵中间花瓣可见时采收。

2. 蕾期采收

即花苞期采切。近年来许多花都实行花苞期采切，采收后于观赏时或贮运后使其在一定条件下开放。非常有利于切花开放和发育的控制。

蕾期采切多用于香石竹、月季、菊花、唐菖蒲、鹤望兰、满天星等。采切时要求香石竹花径达1.8～2.4cm，菊花达5～10cm，而不宜在发育不充分的小蕾阶段进行，否则花蕾距开花所需时间就会延长。

（三）采切时间

一天中选择何时采切应视具体情况而定。一般说来，由于切花寿命与碳水化合物含量有关，对于带茎叶的（如月季等）来说，采切时间以午后优于早晨，但只采花葶的非洲菊之类则不属此列。在高温季节，为了避免过多的田间热，采切时间则以晚上或清晨为佳。采切时，工具最好用酒精消毒，以防传染病害。

（四）鲜切花分级

经预处理后的鲜切花即可进行分级。分级是指将鲜切花采切后，按照一定的质量标准归入不同等级的操作过程。将采切后的鲜切花按相应的等级标准进行规范分类，是鲜切花进入正规市场和进行拍卖的基础。

三、保鲜处理

（一）预冷

预冷的目的是除去田间热。鲜切花采收时，体温与环境气温接近，有时可高达40℃以上。高温对切花贮藏和运输极为不利。因此，花卉采收后，在进入冷库前的24小时内必须采取措施，尽快将其所携带的田间热除去。

（二）低温贮藏保鲜

低温贮藏是目前应用较成熟的技术，可使花卉生命活动减弱、呼吸减缓、能量消耗减少、乙烯产生受到抑制，从而延长花卉的观赏期，并保持较好的品质。同时在一定程度上能够避免花卉变色、变形及微生物、病菌的侵袭。如在相对湿度为85%～90%、温度为0℃的条件下，菊花可以存放30天，温度为2℃时可存放14天，20～25℃时仅可存放7天。各种切花对温度要求不同，贮藏温度偏高不利于切花贮藏，温度过低则会引起切花冷害。一般来说，热带及亚热带的花卉贮藏温度偏高一些，多在5～15℃；温带的花卉贮藏温度要低一些，多在0～4℃。常见的切花如月季、菊花、香石竹、唐菖蒲的贮藏温度都在这一低温范围内。花卉一般适宜的空气相对湿度为85%～95%。

鲜切花的冷藏依据其特性可以分别采用干冷藏或湿冷藏。干冷藏即在贮藏过程中不提供任何补水措施，仅把鲜切花紧密地包裹在箱子、纤维圆筒或聚乙烯袋中，以防止水分散失，如香石竹、月季、百合等的贮藏；湿冷藏即把鲜切花插在水或保鲜液中存放，可保持花卉充足的水分，如满天星、非洲菊等的贮藏。湿冷藏法运输较困难，需占用较多设备，费用较大，适于短期贮藏及运输，可保持花的形态，防止机械损伤。在鲜切花的冷藏过程中温度不能过低，以免造成鲜切花遭受冻害或冷害。在实际贮藏的过程中，常常是低温和高湿结合使用。

（三）鲜切花化学保鲜

采用化学药剂进行保鲜的方法称为化学保鲜，所用的化学药剂称为保鲜剂。化学保鲜由于成本低、易操作、效果明显，深受生产者、流通环节及消费者的欢迎。保鲜液的品种较多，大部分保鲜液都含有营养成分、生长调节剂、乙烯抑制剂和杀菌剂等。

四、主要鲜切花生产技术

（一）唐菖蒲（图5－12）

唐菖蒲，又名剑兰、菖兰、十样锦。花色丰富、花形独特、

图 5-12　唐菖蒲

为世界四大切花之一，我国北方地区栽培面积较大，现在辽宁、甘肃等地，已经形成一定规模的种球繁育基地。

1. 形态特征及种类

球茎为球形或扁圆形，呈浅黄、黄、浅红或紫红色，因品种而异，球茎颜色与花色具有相关性。株高 90~150cm，茎粗壮直立，叶硬质剑形，7~8 片叶嵌叠状排列。花茎高出叶上，穗状花序着花 12~24 朵排成两列，侧向一边，花冠筒呈膨大的漏斗形，稍向上弯，花径 12~16cm，花色有红、黄、白、紫、蓝等深浅不同或具复色品种，花期夏秋。种子深褐色扁平有翅。

唐菖蒲的种类很多，根据花期可分为春花类、夏花类；以花朵排列形式可分为规整类、不规整类；按花大小可分为巨花类、中花类、小花类；按花型可分为号角型、荷花型、飞燕型等。

2. 生态习性

唐菖蒲喜凉爽、不耐寒、畏酷热，球茎在 4~5℃萌芽，生长最适温度白天 20~25℃，夜晚 10~15℃。唐菖蒲为长日照植物，以每天 16 小时光照最为适宜。要求疏松、肥沃、湿润、排水良好的沙壤土。

3. 繁殖方法

以分球繁殖为主。唐菖蒲枯萎后，将地下球茎挖出，母球周围一般有两个以上新球，新球上又附生着许多子球。将其分开、剔除老球，经分级后，周长 8cm 以上的种球直接做商品进入市场，8cm 以下的子球分 3 级进行再培养。一般大子球周长为 4~8cm，中子球周长为 2~4cm，小子球周长为 2cm 以下，不同级别分片栽培。

4. 栽培管理

（1）种植时期。以周年供应切花为目的的唐菖蒲，其种植时间因地区、栽培条件及品种习性而异。通常每隔 15~20 天分批栽种，保证均衡供花。

（2）种球处理。在栽种前，先将种球在清水内浸 15 分钟，然后消毒。常用的消毒方法有：①0.1% 升汞溶液浸 30 分钟；②1%~2% 福尔马林液浸种 20 ~ 60 分钟；③0.1% 苯菌灵加百菌清，在 50℃左右温水中浸泡 30 分钟；另外，也可用多菌灵、硫菌灵、0.1%~0.2% 硫酸铜、0.05%~0.1% 高锰酸钾、硼酸、萘乙酸、赤霉素、2，4-D 等药剂作浸种处理。浸后取出唐菖蒲球用清水洗净，晾干后栽植。

（3）种植密度与深度。作切花栽培的唐菖蒲可按行距 20cm、株距 10~15cm 规格栽植。可根据球茎适当调整，每亩可播 2 万~2.5 万个。球茎种植深度应根据土壤类型与播种时期而定。一般黏重土要比疏松土种浅些；春季栽植要比夏秋栽培浅些。通常春栽深度掌握在 5~10cm，夏秋栽植可加深到 10~15cm。栽植后畦面覆盖稻草、麦壳、锯木屑，可以保持土壤湿度，对根的生长、芽的萌发与花的品质都有较好效果。

（4）施肥管理。施足基肥，基肥以农家肥为好，以每亩 $10m^3$ 腐熟的鸡粪或 $20m^3$ 腐熟的猪粪加 30kg 复合肥最好。总的

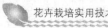

原则是少施氮肥、多施磷、钾肥。追肥一般施 3 次：二叶期 1 次，促进小花花数的分化；四叶期 1 次，促使花枝粗壮、花朵较大；开花后 1 次，促进种球膨大。

（5）水分管理。唐菖蒲种植后根迅速生长，因此，必须保持土壤的足够湿度。在三叶期生长量大，当土壤干燥时应及时浇水。当花序抽出时，母球茎根系开始死亡、新球茎长出新根的关键时期，此时也要重视灌水。灌水方式以喷灌为好，这在夏季可降低唐菖蒲田间小气候温度与提高相对湿度。早晨喷水，有利植株晚间保持干燥，以减少病害发生。在雨水过多时要注意排水。

（6）温度管理。唐菖蒲适宜的温度环境是 20~25℃，充足的光照与适合的温度对花的发育有绝对影响。冬季温室管理中，要保持温度，特别是孕蕾抽穗期，温度低会引起“盲花”，唐菖蒲生长发育的上限温度平均为 27℃，温度高于 27℃也很容易消蕾。

（7）光照管理。唐菖蒲属典型的喜光性长日照花卉。植株三至五叶期，保持 14 小时以上的长日照有利于花芽分化，从第三片叶出现到开花，前期光照不足，发育中的花序会枯萎、发生消蕾；后期光照不足，如在第五至第六片叶或第七片叶抽出时，花序虽可抽出叶丛，但会造成个别小花干枯，花朵数减少。因此，在第二片完全叶出现时，应采取有效措施改善唐菖蒲栽培的光照条件。

（8）张网。当株高达到 0.3~0.5m 时应挂尼龙网，并逐渐升高网的高度以防倒伏。

5. 切花采收

唐菖蒲切花在花序下部第一朵花至第五个花蕾显色时即可采收。采收过早花开不好，过迟或花盛开后采收，在运输、贮藏过程中花朵易受损害。切花剪切高度可在植株离地面 5~10cm 处切断。剪取切花后如需收获球茎，可以保留 3~4 片叶切断，花茎上带 2 片叶即可。切下的花枝应存放在 2~5℃条件下，贮运时要将花枝直立放置。

（二）菊花（图5-13）

图5-13　菊花

菊花是我国的传统名花，品种繁多，花色除蓝色罕见外，黄、红、紫、墨、绿都有，是鲜切花市场常用花卉，是世界四大切花之一。

1. 形态特征及品种特性

菊花为多年生宿根花卉。幼茎色嫩绿或带褐色，被灰色柔毛或绒毛。菊花叶系单叶互生，叶柄长1~2cm，柄下两侧有托叶或退化，叶卵形至长圆形，边缘有缺刻及锯齿。菊花的花（头状花序），生于枝顶，径约2~30cm，花序外由绿色苞片构成花苞。瘦果（一般称为“种子”）长1~3mm，宽0.9~1.2mm，上端稍尖，呈扁平楔形，表面有纵棱纹，褐色，果内结一粒无胚乳的种子，果实翌年1~2月成熟，千粒重约1g。

菊花的鲜切花品种很多，其基本特性是生长强健，易于栽培，成花容易，耐储运，花期较长，株高在1.2m以上。依自然花期可分为夏菊和秋菊。夏菊：自然花期5~9月中旬，属典型积温影响开花型，对日照不敏感。秋菊：自然花期9月中旬至12月底，属典型短日开花植物，在温度适宜条件下当日照时间短于

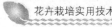

某一界限值时，才能开始花芽分化，并正常开花，对积温影响不敏感。

2. 生态习性

菊花生性强健，适应能力强，5℃以上开始萌动，12℃以上新芽开始伸长，最适温度18~21℃，喜排水良好的沙壤土，较耐旱，忌积水。菊花喜肥，要求土壤肥沃，富含有机质。喜光，但夏季强光对其生长不利。

3. 繁殖方法

菊花的繁殖方法很多，在鲜切花栽培一般用扦插或分株繁殖。南方以组培繁殖为主要繁殖方式。

（1）扦插繁殖

①扦插时间。一般秋菊在4月中旬至5月上旬为扦插时期。

②插穗的采集。利用菊花宿根发出来的新芽，可以反复剪取繁殖材料。截取顶部8~10cm长的健壮嫩梢作为插穗。插穗采下后，应立即浸入水中。扦插之前将插穗基部1/3的叶片去掉，如果余下的叶片过密，也应去掉1/3~1/2，以减少水分的蒸发，然后将插穗基部修剪成马蹄形进行扦插。

③扦插床准备。扦插可在苗床或育苗盘中进行，以70%~80%沙加20%~30%珍珠岩为扦插基质，亦可用沙与蛭石配制，配制好后放入1m宽的扦插床上，厚约10cm。

④扦插方法。扦插时，插穗插入深度2~3cm，插后将基质压实，然后立即用喷壶浇水，一直浇到基质完全渗透为止。同时向插床四周喷水，增加空气湿度。

⑤管理。扦插浇水后，立即搭设荫棚，加盖草席，以防阳光直射，减少水分蒸发，如果在室外必须搭架小拱棚。1周后，产生愈伤组织并发新根，此时浇水可渐减；两周后，大部分插穗生根，可部分拆除塑料膜，炼苗3天再全部拆除；1个月后可移栽定植。

（2）分株繁殖

鲜切花栽培时不常用，但某些珍贵品种，或刚从国外引进的优良品种可采用此法。分株时间夏菊在9～10月，秋菊11月至翌年3月，寒菊4～5月。选择无病、健壮的母株，将稍许露出地面的健壮苗附带一部分根茎从母株上切下来，置于苗床上培养。分株苗初期生长迅速，但易于传染母株病毒，下部叶片易脱落，开花之后的生长势减弱。

4. 栽培管理

（1）定植。定植时间在5月中、下旬至6月初。一般做成1～1.2m宽的畦。定植的株行距标准大花型品种为12cm×12cm，中花品种9cm×9cm，多花品种18cm×18cm。菊花生长迅速，需肥量较大。定植前，先要深翻土壤，施足农家肥，基肥量每亩$20m^3$鸡粪或$30m^3$猪粪，或将鸡粪、猪粪与饼肥或人粪尿混用。

（2）摘心。地栽菊花缓苗后，苗高10～12cm时，应及时进行1次摘心，只留最下部5～6个分枝，即每株菊花产生5～6枝切花。

（3）整枝。切花菊在摘心以后腋芽很快萌发，形成多个分枝，此时要及时整枝。选留5～6个生长健壮、长势均匀的分枝，其余全部除去。为使养分集中，保证每枝切花的质量，对每个分枝上抽生的侧枝要随时摘除。现蕾后要及时剥除主蕾以下所有的侧蕾，使主花蕾有足够的养分供应（指独头大花型品种）。在菊花的整个生长过程中，打杈和剥蕾要随时进行，做到早发现、早解决。对多头小花型品种，则要求下部打杈，上部保留全部侧枝和花蕾。

（4）施肥。菊花喜肥，在整个生育期内需要大量养分供应。在生长初期，应追施含氮量高的肥料，如尿素、麻酱渣等，促进植株的营养生长。生长后期，进入花芽分化阶段，增施磷、钾复合肥。每周1次，喷施0.2%～0.5%的磷酸二氢钾或硝酸钾水溶液和0.1%尿素溶液，可加速植株生长，促使叶色浓绿、花色鲜艳、富有光泽。

(5) 水分。菊花花大叶茂，蒸腾量大，需水较多，生长旺盛期每天要浇水2次。但必须及时排水，以防积水烂根。

(6) 张网。切花菊生长茂盛，植株高大，为使菊花茎秆挺直，成品率高，防止植株倒伏或折断，应及时加设1~2层切花网。切花网的高度应随着植株生长的高度随时加以调整。

5. 切花采收

标准型切花菊花开6~7成时采收，多头型菊花当主枝上的花盛开，侧枝上有3朵花透色时采收。剪枝部位在离地面10cm处，摘去花枝下部1/3的叶片。采收后立即运至阴凉处，摊放在塑料膜上，使花枝温度迅速降低，然后分级包装。

6. 促成栽培及周年供花

由于秋菊自然花期有时不能满足市场要求，因此，必须选择品种较好、质量较高的秋菊进行促成栽培。秋菊花芽分化受光照及温度的影响，应于11月假植于温床催芽，温度保持10℃左右，1个月后幼苗长成再定植于温室，随着植株生长，温度从13℃逐渐提升到20℃，光照每10m²1个100W灯泡，离植株90cm补光2~3小时，可在夜间照明，以保证其营养生长。2月上旬停止光照，促进花芽分化，3月下旬即可上市。5月上市的秋菊，4月下旬需要遮光，促进花芽分化。

另外，利用夏菊，寒菊的自然花期及促成栽培可形成周年供花。

(三) 百合

百合为百合科百合属球根花卉，因花形整齐饱满，寓有百年好合之意，备受欢迎，很有发展前途。

1. 形态特征

多年生球根草本花卉，茎直立，不分枝，草绿色。地下具鳞茎，鳞茎由肉质鳞片抱合成球形。多数须根生于鳞茎基部。单叶，互生，狭线形，无叶柄。有的品种在叶腋间生出紫色或绿色颗粒状珠芽，其珠芽可繁殖成小植株。花着生于茎秆顶端，呈总状花序，簇生或单生，花冠较大，花筒较长，呈漏斗形喇叭状；花色因品种不同而色彩多样，多为黄色、白色、粉红、橙红。

切花栽培的品系主要有3个种系：亚洲百合杂交系（图5－14）、东方百合杂交系（图5－15）、麝香百合（铁炮百合）杂交系（图5－16）。

图5－14　亚洲百合杂交系

图5－15　东方百合杂交系

图5－16　铁炮百合杂交系

2. 生态习性

百合喜温暖湿润环境。生长适温为白天温度21~23℃、晚间温度15~17℃，温度低于10℃，生长缓慢，温度超过30℃则生长不良；土壤要求肥沃、疏松、排水良好、pH值在5.5~6.5的沙壤土；百合喜阳光充足，但略有遮阳的环境对百合生长更有利，以自然光照的70%~80%为好。

3. 繁殖方法

（1）鳞片扦插繁殖。花后选成熟无病虫害鳞茎，剥下肥大饱满的鳞片，用水清洗干净，斜插于粗沙或蛭石中，使鳞片内侧朝上，扦插后，基质保持湿润，忌水湿。温度维持在21~25℃。由鳞片扦插所获得的小鳞茎数量、大小与扦插所用鳞片肥壮程度有关。

（2）小鳞茎繁殖。百合分生的子鳞茎是主要的分球繁殖材料。为扩大繁殖系数，增加小鳞茎数量，常常摘除花蕾或深栽诱导，也可花后将地上茎剪成小段，平埋于湿沙中，露出叶片后，20~30天就可产生小球。这些不同来源的小鳞茎经过2~3年培养即可成为商品球，做切花栽培。

4. 栽培与管理

（1）定植时间。百合的定植时间要根据供花时间而定，各种系百合的生长期：

东方百合平均70~125天，春季80~125天，夏季70~100天，秋、冬季80~120天。亚洲百合平均65~90天，春季70~90天，夏季60~75天，秋、冬季65~90天。麝香百合平均70~110天，春季75~110天，夏季70~100天，秋、冬季70~95天。

经冷藏处理的百合种球，可在一年内的任何时间种植。

（2）鳞茎处理。自田间取回的鳞茎，先进行17~18℃、2~3周预处理，然后进行4~5℃、6周的冷处理。此阶段必须保持好鳞茎下部根（基生根）的完整，尽量避免损伤。购买的种球，到货后要立即进行解冻，将鳞茎放置在10~15℃阴凉处缓慢解冻。若不能及时种植，不可再冷冻，否则容易发生冻害。应将种球放置在0~2℃条件下，可保存两周，2~5℃条件下可存放1周，存放时应打开塑料薄膜。

（3）种植。

①种植密度。通常百合切花生产的株距为10~15cm，行距15~20cm。但是，不同品种和不周鳞茎规格种植密度有差异。一般同是5cm直径的种球，亚洲杂种系40~50个/m^2，东方杂种系25~35个/m^2，麝香杂种系35~45个/m^2。

②种植深度。栽植的深度为鳞茎直径3倍，种球上方的土层厚度一般夏天为8~10cm，冬天6~8cm。过浅易引起植株倒伏。栽植后，土壤较湿的，不立刻浇水，栽后6~10天后再浇水亦可。

③种植方法。将解冻后的种球小心从包装袋中取出，尽量不要弄伤根系，并尽快种到土壤中，防止因脱水造成种球品质下降。注意覆土时要保持土壤疏松，以利根系的生长。种植完后可以使用适当的覆盖土壤，如稻草、稻糠等，可以起到隔热、保温、防止土壤结构变差等作用。较好的方法是覆盖一层2~3cm厚湿润的泥炭土，效果比较好。

（4）栽植后管理。

①张网设支架。切花百合植株一般都较高大，秆长可达1m，且花朵多而花径大，特别是冬季栽培时常因具有较强的趋光性而易导致植株倾斜倒伏，不要选择塑料网，最好选择铁丝网，网格的长宽通常为15cm×15cm或20cm×20cm，将网固定在支架上，要求拉得紧直。百合长到20cm时就要拉网，随着茎的生长，支撑网不断向上提高。

②温度管理。百合种植后3~4周，是根系发育期，土壤温

度必须在12~13℃。如果夏季种植要用冷水灌溉或用稻草覆盖等措施来保证前期温度合适。发根后温度可以提高，亚洲百合杂种系，最佳生长温度14~15℃，白天最高温度可维持在20~25℃，夜晚10~15℃；东方百合杂种系，最佳生长温度15~17℃，白天最高温度20~25℃，夜间15℃以上，若低于15℃会导致落蕾或叶片黄化现象；麝香百合杂种系，最佳生长温度14~16℃，白天最高温度20~22℃，夜晚温度不低于14℃。

③肥水管理。百合种植后的前3~4周不施肥，此时植株生长所需营养来自种球。如果土壤过分干燥，可以喷水保持土壤湿润，但水分不能过多，以免影响根系生长。

百合发芽出土后要求及时追肥，每7~10天追肥1次。通常是用1%的尿素和5%的硫酸镁水溶液灌根，用0.1%尿素+0.1%磷酸二氢钾+0.05%硼砂+0.01%螯合铁水溶液叶面喷施。到开花期时，用1%硝酸钾和1%的磷酸二氢钾灌根。施肥间隔可以调整到3~5天。

④光照管理。光照直接影响百合的生长发育。光照不足造成植株生长不良，并引起百合落芽，植株变弱，叶色变浅和瓶插寿命缩短。百合花芽发育需要充分的光照条件。冬季光照缺乏时，当花芽1~2cm阶段就会变白并脱落。

夏季生产百合要用遮阳网遮光。亚洲百合杂种系和麝香百合杂种系遮光50%，东方百合杂种系遮光70%，春、秋在百合生根时也要遮光，目的是降低土壤温度。

百合为长日照植物，因此，在花蕾长到0.5~1.0cm时开始补光，日照长度16小时，并持续到花蕾发育到3cm为止，特别是亚洲百合，对光照长度要求严格，然而冬季日照长度较短，可以通过人工补光来增加光照时间。

⑤通风。温室生产百合往往因为通风不良而影响切花品质，因此，需要通过通风来调节室内气体成分。通风时应注意：第

一，根据天气情况，最好在中午通风，通风以 1 个小时为宜。第二，在通风的同时要注意保持室内相对湿度。如室内相对湿度较低，不宜立即通风，应先增加湿度，再通风。有条件的温室，最好在通风的同时喷雾，以补充空气相对湿度的不足。第三，入冬前将温室北窗关死，不能打开面对风的窗户通风，避免冷风直接吹向植株而受害。夏季温室通风主要是降温，夏季应该把通风口全部打开，使室内空气充分对流。

5. 切花采收

百合切花在 2~3 个花蕾透色后采收，采收宜在上午 10 时前进行，剪下的百合花枝尽快运出温室，并插入含有杀菌剂的预冷清水中（2~5℃）。在百合包装成束以前，应剥去下部 10cm 茎秆上的叶片，按照每枝的花朵数分好 10 枝一束，将花蕾朝上用包装纸包好，装入纸箱即可贮运。

（四）非洲菊（图 5－17）

图 5－17　非洲菊

非洲菊别名扶郎花，菊科、大丁草属。非洲菊花朵硕大，花枝挺拔，花色丰富，切花率高，栽培管理简单，因此，非洲菊生产规模愈来愈大。

1. 形态特征

非洲菊为多年生草本花卉。株高30~40cm。叶多数基生，叶片矩圆状匙形，羽状浅裂或深裂，叶背被白茸毛。头状花序单生，直径10cm；花序梗长，高出叶丛。花朵橙红、黄红、淡红至黄白等色。盛花期5~6月或9~10月，如栽培环境条件合适，全年均有花开。

2. 生态习性

非洲菊性喜冬季温暖、夏季凉爽、空气流通、阳光充足的环境。要求疏松肥沃、排水良好、富含腐殖质的深厚土层、微酸性的沙壤土。对日照长度无明显反应，在强光下花期最适温度为20~25℃；白天不超过26℃的生长环境，可周年开花。冬季休眠期适温为12~15℃，低于7℃停止生长。

3. 繁殖方法

（1）组织培养该法，是非洲菊的主要繁殖方法。

①材料准备。采取花萼未打开的小花蕾（此时花蕾上的苞片应处于紧包状态，苞片已经张开的花蕾易受污染），用脱脂棉蘸清水，将花蕾洗净消毒后，剥去苞片，拔去全部小花，留下花托。将花托切成24块，接种在预先配制好的培养基上。

②培养基配方。MS加BA10mg/L，加IAA0.5mg/L。

③培养条件。温度25℃，光照16小时/天。逐渐形成愈伤组织，经12个月由愈伤组织形成芽，但某些黑心花品种与白花品种分化出芽较慢，甚至要半年以上。

④试管增殖。当不定芽长到12cm时，将已分化出芽的材料通过继代培养而大量增殖，培养基为MS加KT10mg/L（或BA10mg/L）加IAA0.5mg/L。每月以1∶10的速度增殖，但以加KT的培养基所增殖的幼苗最健壮，叶片形状最正常；而加BA

的培养基，往往引起叶片呈深缺刻的变异类型。

⑤试管苗长根。当试管苗叶片长达2cm时，便可将其分出移至生根培养基上。转移时要剔除苗基部的愈伤组织。不足2cm长的小苗可连同愈伤组织仍然转接到增殖培养基上，继续增殖，生根培养基配方：1/2MA加NAA0.03mg/L，或1/2MS加IBA1mg/L，均有很好的生根效果。

⑥试管苗移栽。移栽基质：木屑加泥炭（1∶1）或蛭石加珍珠岩（1∶1）均可。栽后要防雨水。在空气湿度大的地区每天浇（淋）水1次，每周供给1次营养液，23周后可以定植。空气干燥的地区，最好间歇喷雾，以提高移栽成活率。

（2）扦插繁殖。将优选的健壮母株挖起，除去根部泥块，截取根部的粗大部分，除去叶片，切去生长点，保留根颈部。放在温度22~24℃、空气相对湿度70%~80%环境中。以后根颈部会陆续长出不定芽，形成扦插用的插条。如果要扩大繁殖系数，对根颈部可以喷浓度为100mg/L的6－BA溶液，可增加母株形成的不定芽数目，增产率可达30%~50%。插条在母株具4~5片叶后剪下，扦插在基质中。一棵母株上可反复采取插条3~4次。扦插时，室温控制在25℃，相对湿度保持80%~90%。插条培养3~4周后便可生根。生根后的插条，即可移栽。3~4月扦插，培养的新株当年就能开花；如在夏季扦插，则新株要等到第二年才能开花。

（3）分株繁殖。4~5月间将在温室促成栽培，春季盛花后的老株掘起，每丛分切4~5株；每株须带4~5片叶，另行栽植即可。

4. 栽培管理

非洲菊切花生产，一般定植后可连续生产2~3年，管理得好可维持3~4年后更新，忌连作。

（1）栽植床的准备。非洲菊根系发达，栽植床至少需要

25cm 以上的深厚土层，土质为疏松肥沃、富含有机质的沙壤土，虽可耐受中性土，但以微酸性为好。定植前应施足基肥，大体标准是每亩需腐熟农家肥 1 520m^3、氮、磷、钾复合肥 50kg、过磷酸钙 50kg，施入的基肥要和栽植床的土壤充分混匀耕翻。

（2）定植。非洲菊切花生产用苗大都是从专业种苗公司购买的四倍体组培苗，定植时期以春季为好，当年 6 月就能开花，并延续到冬季。

植株双行交错定植于畦上。株行距 30cm ×40cm。非洲菊定植以浅植为原则，注意将根颈部位略显露于土表，否则易引起根颈腐烂。定植后在沟内灌水。

（3）定株后的管理。

①温度。植株生长期最适宜的温度为 20~25℃。土表温度应略低，要维持在 16~19℃的状态，最有利于根的生长发育。冬季若能维持在 12~15℃以上，夏季不超过 26℃，可以终年开花。

②光照。非洲菊喜充足的阳光，但又忌夏季强光，因而冬季应有强光照，夏季则应注意适当遮阳，并加强通风，以降低温度，防止高温引起休眠。

③灌溉。幼苗期应控制水分，生长旺盛期应供水充足。但要注意勿使叶丛中心沾水，否则易引起花芽腐烂。

④追肥。非洲菊为喜肥宿根花卉，特别是切花品种花头大，重瓣率高，要求肥料量大，其氮、磷、钾比例需用量15：8：25。追肥时要特别注意钾肥的补充。在每 100m^2 种植面积上每次施用硝酸钾 0. 4kg，硝酸铵 0. 2kg 或磷酸铵 0. 2kg。春、秋季每5~6 天追肥 1 次，冬、夏季每 10 天 1 次。春、秋两季采花高峰时也可每周用 0. 3%~0. 5% 的磷酸二氢钾进行叶面施肥。若高温或偏低温引起植株半休眠状态则应停止施肥。

⑤剥叶与疏蕾。非洲菊在生长过程中，为提高植株群体的透

光度、平衡叶的生长与开花的关系，需要适当进行剥叶。如果叶生长过旺，花枝就会减少，并出现短梗、花朵小的现象。剥叶时应注意：通常一年以上的植株，每株留 3~4 个分枝，每枝上留 3~4 片功能叶。剥叶时要保持每个分枝功能叶均衡。剥叶时要首先剥除病叶、发黄的老叶和已剪去花的老叶。如果植株中间的小叶过于密集时，要适当摘除，使花蕾暴露，以控制营养生长而促进花蕾发育。

疏蕾是为了提高切花品质。在幼苗生长阶段的初花期，在植株具备 5 片功能叶之前，应该摘除所有花蕾，以保证植株的生长发育。另外，当一植株同时有 3 个发育相当的花蕾时，也应适当疏蕾，以避免养分不足而影响切花的质量。

5. 切花采收

非洲菊最适宜采收的时间为最外轮花的花粉开始散出时。采收切花的植株应维持最旺盛的生长势，植株挺拔，花茎直立，花朵开展。非洲菊花盘大，花枝长，要用保护花盘的透明薄膜套保护花盘，避免运输途中的擦伤。非洲菊切花保鲜的主要问题是花茎容易折断，并且产生腐烂。在插入溶液前，先把茎下部 3~6cm 外观为红褐色部分去掉，直至显露出没有被堵塞的导管为止。插入带有金属网格的容器溶液中，深 10~15cm。处理剂为每升水 30mg 硝酸银或 25mg 硫酸铝。

（五）香石竹（图 5－18）

香石竹，又名康乃馨，石竹科、石竹属，花色娇艳，又具芳香，单朵花花期长，是世界各国重要切花之一。康乃馨是著名的母亲节用花，代表慈祥、温馨、真挚、不求代价的母爱。

1. 形态特征

茎直立，多分枝，基部木质化。整个植株被白粉，呈灰绿色，茎秆硬而脆，节膨大。叶线状披针形。花单生或 2~3 朵聚伞状排列。花色有粉红、大红、鹅黄、白、深红、紫红及镶边

图5－18　香石竹

等，有香气。

香石竹栽培品种甚多，按花茎上花朵大小与数目，分为以下2类：

（1）大花香石竹，即现代香石竹的栽培品种，花朵大，每茎上1朵花。

（2）散枝香石竹，即在一枝花枝上有小花数朵的品种群。

2. 生态习性

香石竹喜冷凉气候，但不耐寒。最适宜的生长温度白天为20℃左右，夜间10~15℃；对白天25℃以上的高温适应力弱。理想的栽培场地应该是夏季凉爽、湿度低，冬季温暖而又通风良好的环境，忌高温、多湿环境。香石竹喜保肥、通气和排水性能好、腐殖质丰富的黏壤土，最适宜的土壤 pH 值 6~6.5。

3. 繁殖方法

香石竹切花生产用苗，用组织培养法去除病毒，获得脱毒苗，然后再用扦插法繁殖。

扦插繁殖的时间在生产中多以1~3月为宜。当香石竹母株的主侧茎长至5~6节后，结合摘心进行采穗，采生长健壮的第三个或第四个侧芽做插穗。采穗前1~2天，先将母株喷洒800倍液百菌清或克菌丹等杀菌剂，防止母株带病原菌。

采穗应在连续有2~3个晴天的傍晚进行，每株掰1次壮芽（插穗）作扦插用，同时除去弱芽。插穗基部应略带主干皮层，但又不损伤母株。插穗顶端保留叶片4~5片，其余全部摘除，整理好的插穗按每20枝或30枝1把，浸入清水中30分钟，使插穗吸足水分后再扦插。扦插基质用1/2泥炭加1/2珍珠岩，基质pH值7。插穗的间距为2cm×3.5cm。插后立即浇水。插床必须有间歇喷雾的设备，喷雾量控制在使叶片刚好湿润的程度。若无喷雾设施，则必须在插床上覆盖保温纸或塑料薄膜，防止叶片水分蒸腾与土壤水分丧失。气温维持在13℃，在15℃地温介质中，20多天就可以生根。插穗根长约1cm时移栽。

优质的繁殖苗，通常由专门机构进行繁殖。切花生产者一般购买扦插苗，而不自己繁殖。因此，种苗费是生产费用中的一项主要开支。为提高生产效益，通常1年更换1次种苗。

4. 栽培管理

（1）定植。香石竹定植后到开花所需时间，因光强、温度与光周期长短而变化，最短100~110天，最长约150天。根据市场供花需求情况，可以适当调节定植的时间。切花香石竹定植密度通常为20cm×20cm，定植深度3~5cm，以幼苗能直立为宜，深植易发生茎腐病。施足基肥，追肥要淡而勤。定植后12天内用杀菌剂喷雾，以后每隔1周喷药1次，不同药剂轮换使用。

（2）栽植后的管理

①张网。定植后幼苗易倒伏，特别是在侧枝开始生长后，整个株丛展开，花茎易弯曲，应提早张网，使茎发育正常。一般张3~4层网。苗高10cm时，张第一次网苗床距床面15cm；第二层网距第一层网20cm，第三层网距第二层网20cm。

②肥水管理。

a. 施肥。香石竹生育期较长，在基肥充足的基础上，还需要追肥。追肥要淡而勤施。不同的生育期施肥次数和浓度不一样。一般香石竹定植后1周就开始追肥，苗期可以用豆饼水或含氮、磷、钾、钙、镁的液肥，生长中、后期应逐渐减少氮肥用量，增加磷、钾用量，花蕾形成后可适当进行1~2次磷酸二氢钾的叶面追肥，以提高茎秆硬度。在冬季温度低或夏季高温酷暑又无增温、降温设备的条件下，香石竹生长缓慢或近乎停止，应停止追肥，水的供应也要节制。若有滴灌设施，可将滴灌系统与追肥操作结合使用，能更有效地提高追肥利用率。

b. 浇水。香石竹定植后要立即浇水，缓苗期要保持土壤湿润，成活后要适当控水。夏季高温季节土壤含水量不宜过高，否则易发生茎腐病。夏季浇水要在清晨或傍晚进行；冬季要在中午进行，注意关棚以前叶面要干燥，否则易发生病害。滴灌是香石竹栽培中肥水控制的最佳方案。滴灌可以满足香石竹整个生长过程中对肥水的要求，使叶面保持干爽，减少由于施肥不当引起的土壤盐分过高。

③温度控制。温度在夏、秋、冬、春之间随光照强弱而调整。光强时，温度可略高。白天通过通风或降温能达到适宜的温度。白天温度过高，香石竹出现叶窄、花小、分枝不良等现象；夜间温度过高，则会出现茎弱、花小，而花色好的异常反应。昼夜温差应保持在10℃以内，冬季寒冷是香石竹产量低、质量差的主要原因；夏季高温季节，又是香石竹的逆境。为此，冬季保

温与夏季降温是香石竹周年切花栽培中需要解决的主要问题。夏季中午温度高的地方，可考虑用蒸发降温系统，或用遮阳网遮阳，避免阳光灼射，有条件的结合喷雾，减少叶面失水，为香石竹提供良好的人工小气候，但必须加强通风。

冬季通风是控制温度、湿度的另一方面，但大量冷空气突然进入设施内，引起花芽、花瓣增加，造成畸形大头花或裂萼，应引起注意。

④光照强度。香石竹在产花季节需要充足的光照。但是阳光直射，会引起花瓣褪色发焦，影响花的质量，特别是大红色品种。因些，夏季需要适当遮阳。

⑤光照时间。香石竹虽为中日照性植物，但白天加长光照到16 小时，或晚上 10 时至凌晨 2 时用照光来间断黑夜，或全夜用低光强度光照，都会对香石竹产生较好的效果。

⑥摘心（打尖）。摘心是香石竹的基本措施。通常从基部向上第六节处用手摘去茎尖，时间在种植后 4~6 周（1 个月），下部叶的侧芽长约 5cm 为宜。摘心时，主茎上的小芽清楚可见。不同摘心方法对花产量、质量及开花时间有不同的影响。生产中采用以下 4 种摘心方式。

a. 单摘心。仅摘去原栽植株的茎顶尖，可使 4~5 个营养枝延长生长、开花，从种植到开花的时间最短。

b. 一次半摘心。即原主茎单摘心后，侧枝延长到足够长时，每株上有一半侧枝再摘心，即后期每株上有 2~3 个侧枝摘心。这种方式使第一次收花数减少，但产花量稳定，避免出现采花的高峰与低潮问题。

c. 双摘心。即主茎摘心后，当侧枝生长到足够长时，对全部侧枝（3~4 个）再摘心。双摘心造成同一时间内形成较多数量的花枝（6~8 个），初次收花数量集中，易使下次花的花茎变弱，在实践中应少采用。

d. 单摘心加打梢。开始是正常的单摘心，当侧枝长到长于该正常摘心时，进行打梢（即除去较长的枝梢）。在持续 2 个月的时间要经常进行打梢工作，这样减少了大批早茬花，而在一年多的时间内能保持不断有花，像双摘心一样能大大提高花的产量。在实践中，只在高光气候条件下采用。

为了达到周年均衡供花，除了控制定植时期外，还须配合摘心处理，调节香石竹开花高峰。具体做法见表 5－1、表 5－2、表5－3、表 5－4。

表 5－1　“五一”供花的种植模式

定植期	1 次摘心期	2 次摘心期	初花期	盛花期
8 月底至 9 月初	11 月初	11 月初	翌年 3 月下旬	4 月下旬至 5 月中旬
7 月初	9 月底	6 月初	翌年 3 月底	4 月底至 5 月中旬
3 月中旬	4 月底		9 月初	9 月中旬至 10 月中旬（11 月初结束第一季花，第二季花为 4 月底至 5 月中旬）

表 5－2　“十一”供花的种植模式

定植期	1 次摘心期	2 次摘心期	初花期	盛花期
5 月初	6 月中旬		9 月初	9 月中旬至 10 月中旬
3 月中旬	4 月底	6 月初	9 月初	9 月中旬至 10 月中旬
7 月中旬	8 月初		翌年 1 月底	2 月底至 3 月初（5 月 20 日结束第一季花，回缩。9、10 月收第二季花

表5－3　元旦供花的种植模式

定植期	1次摘心期	2次摘心期	初花期	盛花期
6月底至7月初	8月初至中旬		翌年1月中旬	1月下旬至2月初
3月中旬	4月中旬		7月初	7月中旬至8月初（8月中旬结束第一季花，回缩。11、12月中旬收第二季花）

表5－4　春节供花的种植模式

定植期	1次摘心期	2次摘心期	初花期	盛花期
5月初	6月中旬		9月初	9月中旬至10中旬

⑦修剪（整枝）。修剪是对植株第二年生产的更新，修剪时间不应晚于6月下旬。做法是一年苗龄的植株在地表上25~30cm处剪除，剪除前1周停止灌溉，直待修剪过的植株出现新梢生长时，才可以进行灌溉。停止灌溉的时间为3~4周。生产中二年苗龄的植株很少修剪，而要换茬。若需要修剪则应在距地表4~5cm处剪去，剪下的植株残体应及时清除，保持环境的清洁。

⑧疏芽和花萼带箍。

a. 除芽。大花栽培品种只留中间1个花蕾，在顶花芽下至基部约6节之间的侧芽都应去掉（基部侧枝供下茬花生产用），在顶芽径约15mm时，其下的第一个芽大到足以用手掰掉时进行。操作方法是用指尖向下作环形移动而掰除，不可向下劈，否则损伤茎或叶，造成花朵“弯脖”的后果。

小型多花香石竹则需要去掉顶花芽或中心花芽，使侧花芽均衡发育。疏芽是一项连续性的操作，7~10天就要进行2次，在香石竹栽培中也是最花费劳力的操作。

b. 花萼带箍。生产中可用6mm宽塑料带圈箍在花蕾的最肥大部位。套箍时期以花蕾的花瓣尖端已完全露出萼筒时为最合适。

⑨裂萼原因与克服。裂萼花使商品价值降低，甚至成为废品。裂萼原因有环境因素，也与品种有关。用花瓣数不超过80枚的品种可以大大减少裂萼。引起裂萼的环境因素，主要是花蕾发育时期温度偏低或日夜温差过大（超过8℃），氮肥过多，不均衡浇灌施肥或光照充足而温度过低。在低于10℃冷凉温度下形成的花蕾出现超轮花瓣的肥胖花蕾“大头蕾”，这种蕾极易形成裂萼花。冷凉天气中还容易形成花冠不整齐的侧斜花，不能均衡一致地绽开，致使花瓣向一侧突出。只要温度不过低，冬季管理中适当控制施肥浇水，增加光照，防止低温等措施，都对克服这类现象有利。

5. 切花采收

大花型香石竹可在花蕾即将绽开时采收。多花型香石竹应在两朵花已开放，其余花蕾透色时采收。采收时间应在每日下午1~4时。切花采下之后，放在清洁的水中或保鲜液中，冷藏温度在0~0.5℃，相对湿度90%~94%。

（六）月季（图5－19）

月季是蔷薇科灌木植物，与菊花、香石竹、唐菖蒲被称为世界四大切花，是市场销量最大的鲜切花之一。现代月季花色、花形丰富，香味浓郁，周年开花，深受人们喜爱。

1. 形态特征及品种

月季为有刺灌木或呈蔓状、攀缘状。叶互生，奇数羽状复叶。花单生或排成伞房花序、圆锥花序，花瓣多数重瓣，花色丰富多彩，有红、黄、白、蓝、紫、绿、橙、黑和中间色，有的具芳香。

月季栽培的品种繁多，红色系优良品种主要有：萨曼莎、卡拉米亚、红成功、红胜利等。粉色系品种主要有：婚礼粉、女主角、外交家、贝拉米、唐娜小姐等。黄色系优良品种主要有：黄金时代、金奖章、香槟酒等。白色系优良品种主要有雅典娜、婚礼白、白成功等。复色系优良品种主要有法国花边、扬基歌、阿林卡等。

2. 生态习性

切花月季喜向阳、背风、空气流通的环境。最适温度白天为20~25℃，夜间为13~15℃，虽能在35℃以上的高温生存，但易发病害。最适宜生长的相对湿度为75%~80%，如果相对湿度过大，则容易生黑斑病和白粉病。土壤要求排水良好、透气，具有团粒结构的壤土，pH值6~7。

图5-19　月季

3. 繁殖方法

月季生产中常用嫁接和扦插繁殖。

（1）嫁接。选用扦插容易生根，且根系发达，生长旺盛，抗病性、耐寒性强的粉团蔷薇和野蔷薇作砧木，选用不易生根的切花月季优良品种做接穗。通常采用“T字形”芽接，芽接适宜的时间在7~9月。

嫁接时，选取接穗中部饱满的芽，用刀从芽的下方约1.5cm处削入木质部，向上纵切长2.5cm，再从芽的上方0.5~1.0cm处横切一刀即可轻轻取下芽片。砧木一般选择1~2年生的苗，直径0.6~2.5cm，砧木不可太粗，过粗反而会影响成活。在砧木距地面5~10cm处选择光滑的部位，用刀切一“T”字形切口，用芽接刀的骨片挑开“T”形切口的皮层，将接穗芽片插入，芽片上部与“T”字形横切口对齐，最后用塑料薄膜条绑缚牢固，注意不要把芽盖住。

嫁接后的管理主要是检查、补接、剪砧和肥水管理等。芽接后，10 天左右用手触碰接芽上的叶柄，若很容易脱落，并可见"T"形接口内接芽颜色正常，则说明成活，相反则说明没有成活。嫁接成活后要及时抹除砧木上的萌生芽，当新芽长到 15cm 长时，剪除接芽上方的砧木。嫁接成活后 3~5 个月就可做成苗定植了。

（2）扦插。对于一些容易生根的品种，如小花型及作砧木用的一些品种，可采用扦插繁殖。春秋两季是月季扦插成活率最高的季节。

剪取开单朵花的枝条，将枝条剪成 7~10cm 的插穗，要求每个插穗 3~4 个节，上剪口距上芽 0.3~0.5cm，下剪口在靠近下芽基部 0.1~0.3cm 处斜剪。插穗上部保留 1~2 片叶，其余叶片去除。并用 400mg/L 的吲哚丁酸，或用 500mg/L 的萘乙酸，或用其他生根粉之类的药剂处理插穗基部，然后扦插。扦插深度为插条的 1/3~1/2。插后，马上浇透水，注意遮阴、保湿，温度过高时还要通风降温，30~45 天即可生根。

4. 栽培管理

（1）定植前的土壤管理。

①切花月季是木本花卉，定植后开花达 4 年以上，根系入土层深，因此，在种植前土壤要深翻 40~50cm，并施入充分腐熟的有机肥，一般每亩施入优质农家肥 5 000 ~ 8 000kg，磷酸二铵 20~30kg，并使用多菌灵、福尔马林等药剂进行土壤消毒，彻底消灭病虫害。

②做定植床，北方普遍采用低畦，畦南北走向，如种植 3 行畦宽 100~120cm，如种植两行畦宽 60~70cm 即可。

（2）定植。每床栽两行，株间交错，有利于通风透光。株距 25~30cm，定植株数 6~8 株/m^2。定植时苗木嫁接部位应置于土表上 1~2cm，防止接穗产生自生根。定植后马上浇透水，利用地膜覆盖的方法提高地温，促使小苗萌生健壮根系，促进植株生长。

（3）定植后的管理。

①幼苗的整枝与修剪。在嫁接苗或扦插苗成活后，新枝长出 5~6 片叶时就要摘心，促使萌生新枝，从新枝中选留 3~5 个生长健壮、粗度在 0.6cm 以上，且分布均匀的留作主枝，其余的去除。在留作主枝的枝条 50cm 以上处短截，再萌发的枝条即可留作产花枝。

②整形修剪。切花月季的整形修剪，结合管理分轻度修剪、中度修剪、低位重剪 3 种方法。

轻度修剪：其实每天的采花就是一种轻度修剪。另外，当产花枝的花蕾有中等大小时，要把不合格的短枝、弱枝、病枝剪掉，对那些外围的健康重叠枝、下垂枝应适当保留，只摘除花蕾，然后折枝，利用其叶片和枝条贮存和制造养分，增强树势，达到高产优质的目的。对未产生花蕾的盲枝和不够规格的花枝，可及时在较低的部位短截，使其重新抽出壮枝，一般在剪后 6~9 周就可开花。

中度修剪：切花月季的中度修剪一般在立秋前后进行，具体操作要点是：在 7~8 月份高温时期不修剪，只摘除花蕾，保留叶片，立秋以后将枝条上部剪掉，只留 2~3 片叶，促使萌发新枝，到 9 月下旬就可以进入盛花期。

低位修剪：通常在冬季休眠期进行，用回缩修剪的方法，主枝保留 30~40cm，从而使植株高度控制在 60cm 左右。

③除芽、剥蕾。切花月季的萌芽力很强，经修剪后，当新芽的第 1 片真叶完全展开后就要进行剔芽了。同时还应注意，在月季花枝的顶端，往往会出现多个花蕾，我们应在花蕾豆粒大小时，及时将副蕾去除，只留中间的 1 个主蕾，目的也是集中营

养，确保切花枝的质量。

④温度管理。月季切花生产最适宜的生长发育温度白天20~25℃，夜间13~15℃。冬季当夜间低于8℃时，许多品种生长缓慢，枝条变短，畸形花增多。夜间温度长期低于5℃时，大多数月季品种不能发出新枝，或者发出的新枝较短，盲枝增多。因此，冬季低温严重影响切花的枝条长度、发芽及花芽分化，从而影响产量和质量。夏季当夜间温度高于18℃、白天温度高于28℃时，大多数月季品种生育缩短，切花的花瓣数减少，花朵变小，瓶插寿命变短，对切花的品质有较大的影响。理想的昼夜温差是10~12℃，温差过大导致花瓣黑边。在生产实际中，夏季将大棚内的白天温度控制在26~28℃，冬季将大棚内的夜间温度控制在13~15℃，就可保障月季切花的高产、优质周年生产。

⑤水分管理。定植后的浇水管理应见湿见干，起到促发根的作用，使根系迅速发展。进入萌芽、抽枝、开花期旺盛生长阶段要较充分地供应水肥，通常1周2~3次。同时，要保持叶面清洁，应定期使用加压喷雾方法冲洗叶片与茎秆。在炎热夏季、冬季低温期间植株将进入半休眠（休眠）状态，则应大大减少水分，间隔6天或10天以上浇水1次。

⑥施肥管理。切花月季生长周期长，四季开花，一年有几次采花高峰。因此，保证足够的肥水供应，直接关系到花的质量和产量。施肥要掌握的原则：除在定植时施足基肥外，每10~15天根外追肥1次，用磷酸二氢钾和尿素的混合液，营养生长期间，尿素的比例为0.2%，磷酸二氢钾为0.1%，产花期间磷酸二氢钾的比例为0.2%。每次采花后都要及时追肥，施肥比例按照氮：磷：钾为1：1：2的比例配合施用，并结合叶面肥交替进行，叶面肥中还应加入适量的铁盐、镁肥和钙肥等。

5. 切花采收

切花适宜的收获时间，大多数红色与粉红色品种的花朵开放度应达到萼片已向外反折到水平位置，外围1~2个花瓣开始向外松展时采收。其他的月季品种，如黄色品种可稍早一些，白色品种宜晚一些。

花枝采收的时间以清晨为好，切花枝应尽可能留长一些，一般标准的开花枝为10~14个节，比较合理的剪取位置应在花枝基部向上2~4片叶处，切口距留芽1.5cm。采收后花枝需立即转移到5~6℃温度下的分级室。若在田间，可将切下花枝下部20~25cm直接插到与室温一致的水中。

思考题：

1. 切花生产中怎么进行修剪？
2. 切花采收后进行怎样的保鲜处理？
3. 香石竹栽培管理中摘心有哪些技术要求？
4. 月季切花嫁接繁殖时怎么进行的？

第五节　花期调控

一、花期调控的意义

花期调控又称催延花期，就是采用人为措施，使花卉在自然花期之外，按照人们的意愿定时开放。例如，使各种花卉在四季均衡开花；使不同花期的花卉在同一时期集中开放，以供应节日需要；使某些每年开花一次的变为一年内多次开花，即“催百花于片刻，聚四季于一时”。开花期比自然花期提前的称为抑制栽培。

我国早在宋代就有人为控制花期，开出“不时之花”的记载。20世纪30年代以来，根据植物对光周期长短的不同反应，采取延长或缩短光照时间，从而控制花期，从50年代起，植物生长调节剂应用于花期控制，到70年代花期控制技术应用范围更加广泛，方法也层出不穷。现代花卉业对园林植物的花期控制提出了更高的要求，这是由于园林植物花期的早晚直接影响到其上市时间、商品价值、品种培育等方面。因此，近年来花期控制已作为园林植物栽培管理的一项核心技术而备受重视。

二、花期调控的主要途径

（一）光照调节

长日照花卉在日照短的季节，用电灯补充光照能提早开花，若给予短日照处理，则抑制开花；短日照花卉在日照长的季节，进行遮光短日照处理，能促进开花，相反，若长期给予长日照处理，就抑制开花。一般春夏开花的花卉多为长日照花卉，秋冬开花的多为短日照花卉。为了使一些必须在短日照环境条件下才能进行花芽分化、现蕾开花的花卉提早开花，必须提前缩短每天的光照时间，如一品红、叶子花等，若要在国庆节开放，必须提前40~50天把每天的光照时数缩短到10小时以下。光照调节应辅之以其他措施，才能达到预期的目的，如花卉的营养生长必须完善，枝条应接近开花的长度，腋芽和顶芽应充实饱满，在养护中应加强磷、钾肥的施用，停止施用氮肥，以防止徒长，否则对花芽的分化和花蕾的形成不利。

1. 长日照处理

用人工补加光照的方法，延长每日连续光照时间，达到12小时以上，可使长日照花卉在短日照季节开花。如冬季栽培的唐菖蒲，在日落之前加光，使每天有16小时的光照，并结合加温，可使它在冬季和早春开花。用14~15小时的光照，蒲包花也能提早开花。人工补充光照可用荧光灯悬挂在植株上方20cm处。

2. 短日照处理

用黑色遮光材料在白昼两头进行遮光处理，缩短白昼，加长黑夜，可促使短日照花卉在长日照季节开花。如一品红在长日照季节，每天的光照缩短至 10 小时，50~60 天就可开花；蟹爪兰每天日照缩短至 9 小时，60 天也可开花。遮光处理时，遮光材料要密闭、遮严、不透光，以防止低照度散光产生破坏作用；遮光要连续进行，不可间断，否则，遮光无效；遮光处理在夏季炎热季节进行，要注意通风和降温。

3. 加光分夜处理

短日照花卉在短日照季节已形成花蕾开花，但在午夜 1~2 时加光 2 小时，把一个长夜分成两个短夜，破坏了短日照的作用，就能阻止短日照花卉在短日照季节形成花蕾开花。停光以后，由于处于自然的短日照季节里，花卉就会自然地进行花芽分化而开花。停光日期决定于该花卉当时所处的气温条件和它在短日照季节里从分化花芽到开花所需要的天数。用作加光分夜的光照以具红光的白炽灯为好。

4. 颠倒昼夜

采用白天遮光、夜间光照的方法，可使在夜间开花的花卉在白天开放，并可使花期延长 2~3 天，如昙花。

（二）温度调节

1. 增加温度

一些多年生花卉和秋播草花在入冬前若放入温室内培养，一般都能提前开花，如牡丹、杜鹃、山茶、瓜叶菊、大岩桐等。但加温处理必须是成熟的植株，并在入冬前已形成花芽，否则不会成功。加温促成栽培，首先要确定花期，然后再根据花卉的特性确定提前加温的时间。在室温增加到 20~25℃、相对湿度增加到 80% 以上时，垂丝海棠经 10~15 天就能开花，牡丹经 30~35 天可开花，而杜鹃则需 40~50 天开花，见表5－5。

表 5－5　几种主要花卉春节开花所需温度和加温天数

种类	温度	处理天数	种类	温度	处理天数
碧桃	10~30℃	45~50 天	迎春	5℃	30 天
西府海棠	12~18℃	15~20 天	杜鹃	15~20℃	50 天
榆叶梅	15~20℃	20 天			

许多花卉在适宜的环境条件下可连续生长，开花不断，如月季、非洲菊、美人蕉、天竺葵等，都可通过加温使花期延长。但加温应提前进行，不使其受低温影响而停止生长，并结合施肥、浇水、修剪等技术措施，才能达到延长花期的目的。

2. 降低温度

在早春气温回暖之前，对处于休眠的春季开花的花卉给予1~4℃的低温，使休眠期延长，开花期延迟。根据需要开花的日期、花卉的种类及气候条件，确定降温培养至开花所需的天数，然后确定停止低温处理的日期。降温处理管理方便，开花质量好，延迟花期时间长，适用范围广，包括各种耐寒、耐荫的宿根花卉、球根花卉及木本花卉都可采用。如杜鹃、紫藤可延迟花期7 个月以上，而且，花的质量不低于春天开的花。二年生花卉和宿根花卉在生长发育中需要一个低温春化过程，才能抽薹开花，如毛地黄、桂竹香、牛眼菊等；秋植球根花卉需要一段6~9℃低温才能使花颈伸长，如君子兰、水仙、风信子等；对于原产夏季凉爽地区的花卉，因在夏季炎热地区生长不良，开花停止，若使温度降到28℃以下，使其继续处于旺盛生长的状态，就会继续开花，如仙客来、天竺葵、吊钟海棠等。

（三）生长激素调节

应用生长激素处理花卉，对于调节花期具有显著的效果。如用赤霉素、萘乙酸、2，4-D、秋水仙素、B_9、乙醚等进行处理，可起到催延花期的作用。

1. 解除休眠、提早开花

应用激素解除休眠。用 500 ~ 1 000μL/L 浓度的赤霉素，点在牡丹、芍药的休眠芽上，几天后芽便可萌动；喷在牛眼菊、毛地黄上，有代替低温的作用，可使其提早抽薹；涂在山茶花的花蕾上，能加速花蕾膨大，提早开花。

2. 抑制花芽分化、延迟开花

2，4-D 对花芽分化和花蕾的发育有抑制作用。当用 2，4 – D 处理菊花时，用 0. 01μL/L 处理的菊花呈初花状态，用 0. 01μL/L 处理的菊花花蕾膨大已透色，而用 5μL/L 喷过的花蕾尚小。

（四）栽培管理措施调节

运用播种、修剪、摘心及水肥管理等技术措施调节花期。根据花卉习性，在不同时期采取相应的栽培管理措施进行处理。

1. 利用播种期来调节

如唐菖蒲在北方地区于 4 月中旬至 7 月底分批播种，可于7~10 月连接开花不断；瓜叶菊于 4 月、6 月、10 月分期播种，开花期自 11 月至次年 5 月，可达 5 个多月。翠菊、万寿菊、美女樱等于 6 月中旬播种，百日草、凤仙花等于 7 月上旬播种，可为“十一”国庆节提供用花。一串红可于 8 月下旬播种，冬季温室盆栽，不断摘心，于“五一”前 25~30 天停止摘心，“五一”时繁花盛开，见表 5 –6。

表 5 –6　“十一”用花的种类及播种期

播种期	花卉种类
3 月中旬	百子石榴
4 月初	一串红
5 月初	半支莲
6 月初	鸡冠花

（续表）

播种期	花卉种类
6月中旬	圆绒鸡冠、翠菊、美女樱、银边翠、旱金莲、大花牵牛、茑萝、万寿菊
7月上旬	百日草、孔雀草、凤仙、千日红
7月20日	矮翠菊

2. 修剪、摘心调节

如果在国庆开花，早菊的晚花品种在7月1~5日，早花品种在7月15~20日修剪；荷兰菊于3月上盆后，修剪2~3次，最后一次修剪在国庆前20天进行；一串红于国庆前25~30天摘心，都可按时开花。

3. 水肥调节

人为地控制水分，可强迫休眠；于适当时期供给水分，则可解除休眠，使其发芽、生长、开花。采用此法可促使梅花、海棠、玉兰、牡丹等木本花卉在国庆节开花。例如，欲使玉兰在当年国庆节第二次开花，首先要在第一次开花后加强水肥管理，使新枝的叶、芽生长充实，然后停止浇水，人为地制造干旱环境，同时进行摘心，3~5天后将其移到凉爽的地方，并向植株上喷水，使其恢复生机，花芽便开始分化，这时再加施磷肥，使花芽尽快分化完成，就可望在国庆节前开花。

由于地区、时间、当时的气候以及花卉苗木的大小、强弱等许多因素的不同，因此，必须根据当地气候等实际情况，确定所采取的技术措施，并严格掌握，方可取得成功。

思考题：

1. 花期调控的主要途径有哪些？
2. 运用生长激素调节花期的生长素都有什么？

第六章　花卉的应用

花卉不仅可以改善环境、净化空气和防护污染，更重要的是以千姿百态、姹紫嫣红的自然美和人类匠心独运的艺术美，来装点园林绿地和室内空间，为人们营造优美的休闲场所和怡人的工作与生活环境。根据园林用途不同，可以将其分为 3 种应用形式，即地栽应用、盆栽应用和切花应用。

花卉的地栽应用以露地草本花卉为主，包括花坛、花镜、花丛和花群、篱垣与棚架、花钵与花台等多种应用形式（见后面表）。

第一节　花　　坛

一、花坛的概念

按设计意图，在具有几何轮廓的栽植床内，种植不同色彩的花卉，运用花卉的群体效果来体现图案纹样，或观赏盛花时绚丽景观的一种花卉应用形式。多为一季性观赏。

花坛多设置在广场和道路的中央、两侧及周围、建筑物的前庭、道路两侧、庭廊的基础部分等处，或为单独花坛，或多个独立花坛相互组合，成为有联系而又统一格局的花坛群。

二、花坛作用

（一）观赏和点缀作用

（二）标志、宣传作用

（三）增加节日的欢乐气氛

（四）分隔空间、屏障

（五）组织交通作用

三、花坛类型

花坛的分类方式很多，可以按空间位置、植物材料、观赏季节、表现形式、组合方式等分类。

（一）按空间位置分类

1. 立体花坛

花坛向空间伸展，是运用不同特性的小灌木或草本植物，种植在二维或三维立体钢架上而形成的植物艺术造型。它通过巧妙运用各种不同植物的特性，如五色草或小菊等草本植物创作出各具特色的动物、花篮、人物等艺术形象。立体花坛作品因其千变的造型、多彩的植物搭配，可以随意搬动，被誉为"城市活雕塑""植物雕塑"（图6－1，图6－2，图6－3，图6－4）。以四面观赏为多。立体花坛在欧美发达国家已经较为普及，从街头的绿化到公园的景观，随处可见立体花坛的身影。中国立体花坛普及率不高，大型的立体花坛更是难见其身影，1999年的云南昆明世界园艺博览会之后，我国的立体花坛开始呈现出快速发展的势头。2008年的北京奥运会，在天安门广场上设置的大型立体花坛"中国印""五湖四海喜庆奥运盛会"等大型立体花坛令世人大开眼界。

2. 平面花坛

花坛表面与地面平行，主要观赏花坛的平面效果。平面花坛按构成图案形式可分为点式、线式和面式3种。

3. 斜面花坛

花坛设置在斜坡或阶地上，也可布置在建筑的台阶两旁或台阶上，花坛表面是倾斜的，斜面是主要观赏面（图6－5，图6－6）。

图 6-1　立体花坛

图 6-2　立体花坛

图 6-3　立体花坛

图 6-4　立体花坛

图 6-5　斜面花坛

图 6-6　斜面花坛

（二）按花坛表现形式分类

1. 盛花花坛

也叫花丛花坛，它是以花卉整体的绚丽色彩和优美的外貌获取的群体美。主要由观赏草本花卉组成，表现盛花时群体的色彩美丽或绚丽的景观，适合应用于节日庆典。作为盛花花坛的草花应选择高矮一致、开花整齐、株形丰满、花朵繁茂、色彩艳丽、花期较长的植物。可用同一种花卉的不同品种或多种花卉搭配（图6－7）。常用花材：一二年生草花以及部分株形低矮、花量大的宿根花卉，如一串红、万寿菊、鸡冠花、早小菊、荷兰菊、矮牵牛、三色堇、孔雀草等，所用花材不宜太多，要求图案简洁、色彩明快。

2. 模纹花坛

又称镶嵌花坛、图案花坛或毛毡花坛，是利用不同色彩的花卉组成的平面图案，能够显示细致的花纹。模纹花坛强调几何图形、曲线图案、线条简单、清晰。主要由矮的观叶植物或花叶兼美的植物组成，表现群体组成的精美图案或装饰纹样。因此，常选用株型低矮、枝叶细密、分枝性强、花色艳丽以及耐修剪的花卉。以色彩鲜艳的各种矮生性、多花性的草花或观叶草本为主，尤其是常绿或具有彩色叶的种类最为常用，如各品种五色草、彩叶草、银叶菊、大叶黄杨、小叶黄杨、紫叶小檗、金叶女贞、三色堇、孔雀草、四季海棠、金盏菊、非洲凤仙等。

模纹花坛多设于广场和道路的中央以及公园、机关单位。是应用各种不同色彩的观叶植物或花叶均美的植物，组成华丽精致的图案纹样，观赏期较长。模纹花坛要经常修剪，以保持纹样的清晰（图6－8）。

3. 混合花坛

是不同类型花坛结合而成的综合花坛景观。盛花花坛与模纹花坛的混合，兼有华丽的色彩与精美的图案（图6－9）。常用花材有五色苋、彩叶草、四季秋海棠、羽衣甘蓝、凤仙等。

（三）依花坛组合分类

1. 独立花坛

单体花坛，外形平面为对称几何图形。

2. 花坛组

单体花坛的组合形式，是在同一

图 6－7　盛花花坛

图 6－8　模纹花坛

环境中设置的多个花坛。如沿路布置多个带状花坛、建筑物前作基础装饰的数个小花坛。

3. 花坛群

多个花坛组成不可分割构图整体，即花坛群。设置在广场、草坪、大型交通环岛。此外，依花坛种植形式可分为永久性花坛和临时性花坛；依花坛的观赏季节分春、夏、秋、冬等；依花坛

图6－9　混合花坛

外形轮廓分为圆形、方形、椭圆形等。

四、花坛的植物选择

（一）花坛植物选择原则

1. 植株低矮、高度整齐一致
2. 花期一致，同时达到盛花期
3. 色彩鲜艳、对比鲜明
4. 植物种类一般 3~5 种

（二）花坛花卉

依据花坛的类型和功能合理选择和配置。专类花坛多应用品种繁多的同一种花卉配置，如牡丹、芍药、月季、菊花花坛等。灌木花坛一般应用开花灌木配置；草本花卉花坛，以观花草本为主体，可以配置一二年生或多年生宿根球根花卉。无论什么形式的花坛，都要求花坛经常保持鲜艳的色彩和整齐的轮廓，选用植株低矮、生长整齐、花期一致、株丛紧密而花色艳丽的种类；混合花坛应用开花灌木同一二年生和多年生草本花卉混合配置。

五、花坛的设置

（一）花坛的位置和形式

1. 花坛的位置

主要根据当地环境，因地制宜设置，一般设置在主要交叉道入口、公园入口、主要建筑物前及风景视线集中的地方。

2. 花坛的形式

花坛大小、外形、结构及种类选择根据四周环境而定，一般在出入口设置成规则整齐、精致华丽的花坛，以模纹花坛为主；在交叉路口或广场上，以鲜艳的盛花花坛为主，配以绿色的草坪；纪念馆、医院的花坛以严肃、安宁、沉静为宜。

3. 花坛的外形与周围环境相协调

如长方形广场设置为长方形花坛比较协调，圆形中心广场以圆形花坛为好，道路交叉口设置成马鞍形，三角形或圆形都可以。

（二）花坛的高低和大小

1. 花坛的高低

在视平线以下，人们能够清楚看清花坛内部和全貌。不论哪种花坛，高度应利于观赏。为便于层次分明、有利于排水，花坛应呈四周低、中心高或前低后高的斜坡形式。

2. 花坛的面积

不宜过大，过大不易布置，也不易与周围环境协调，还不便于管理。如果场地过大，可将其分割成几个小型花坛，形成花坛群。

3. 花坛的色彩

色彩是否协调直接影响观赏效果。整个花坛色彩布置应有宾主之分，即以一种色彩作为主要色调，以其他色彩作为对比，衬托色调。一般以淡色为主，深色陪衬，效果较好；若淡色、深色各占一半，就会使人感觉呆板、单调。当出现色彩不协调时，用白色介于两色中间，增加观赏效果。

一个花坛色彩不宜太多，多而复杂给人以杂乱感觉，一般花坛以2~3种颜色为宜，面积较小只用1种或两种颜色，大型花坛4~5种即可。布置花坛色彩时要注意与周围景观色彩协调。

六、花坛设计原则

花坛的大小应与设置花坛的广场、出入口及周围建筑的高低成比例，一般为广场面积的1/5~1/3，外部轮廓与广场的外形相协调并符合功能要求，既美观又不妨碍游人路线为原则，高度上不可遮住出入口视线。平面式花坛中，点式花坛常被作为视线的焦点，范围较小，多呈圆形、椭圆形、扇形、梯形、三角形或正方形。长宽比例不超过4：1，如位于中央交通岛的几何形花坛。线式花坛平面呈矩形，长宽比例大于4：1，以突出线的形态、长度和方向为主，体现一种线条美，如道路中间的或两侧的带状绿化分隔带。面式花坛以大面积的连续的绿地为基调，在其上镶嵌大面积的植物造型图案，一般没有固定的形状和长宽比例，实际上是点式和面式的扩展与延伸。

另外，在花坛摆放中还可采用绿色的低矮植物（如五色草）作为衬底，摆放在不同品种、不同色块之间，形成高度差，产生立体感。

七、节日花坛摆放技术

节日花坛的布局要突出体现喜庆、热烈的气氛。节日广场花坛摆放时首先不能影响交通，不能影响人们的视线，把标语、伟人像、观礼台等建筑四周作为摆放的重点，气氛要热烈，布局要合理。常用的花卉有：国庆菊、一串红、万寿菊、大丽花、早菊、万年青、橡皮树、苏铁、棕榈、扶桑、月季、天门冬、叶子花、美人蕉等。具体操作如下。

花坛的布局与摆放随地形、环境的变化而异，需要采用不同的色彩及图案，但在摆放中要遵循以下几点，可收到令人较为满意的效果。

1. 场地及物资准备

放样按设计方案放样，将准备摆放花坛的场地画线，按照图纸做出图案，需要架子及彩灯景观的，提前设置安装好，场地不平整的，提前准备好。喷水池安装防水层时，详细检查隔水层（防水布）牢固性、密闭性等。

2. 植物株高配合

花坛内侧植物要略高于外侧，由内而外自然、平滑过渡。若高度相差较大，可以采用垫板或垫盆的办法来弥补，使整个花坛表面线条流畅。

3. 色调设计合理

不同的色调会给人不同的感觉，节日花坛的摆放，要突出热烈欢快喜庆的气氛，在色环上成180°色调，如蓝色与橙色、黄色与紫色对比色在一起，会形成极其鲜明的对比。但两种对比色调的植物在同一造型中数量不宜均等，尽量多应用黄色、红色的花卉。

4. 图案设计，简洁明快，线条流畅

花坛摆放的图案一定要采用大色块构图，在粗线条、大色块中突现各品种魅力。简单轻松的流线造型，有时可以收到意想不到的效果。外部轮廓主要是几何图形或几何图形的组合。花坛大小要适度。平面过大会引起视觉变形。一般观赏轴线以8~10m为度。现代建筑的外形趋于多样化、曲线化，在外形多变的建筑物前设置花坛，可用流线或折线构成外轮，对称、拟对称或自然式均可，以求与环境协调，内部图案要简洁，轮廓明显。忌在有限的面积上设计繁琐的图案，要求有大色块的效果。

5. 选好镶边植物

镶边植物是花坛摆放的收笔，这一笔收得好与坏，直接影响到整个花坛的摆放效果。镶边植物应低于内侧花卉，可一圈，也可两圈，外圈宜采用整齐一致的塑料套盆；其品种选配视整个花坛的风格而定，若花坛中的花卉株型规整色彩简洁，可采用枝条自由舒展的天门冬作镶边植物，若花坛中的花卉株型较松散，花坛图案较复杂，可采用五色草或整齐的麦冬作镶边植物，以使整个花坛显得协调、自然。总之，镶边植物不只是陪衬，搭配得好，就等于是给花坛画上了一个完美的句号。

八、花坛的养护管理

花坛摆放好后，能否在较长的时间内生长健壮、开花繁茂、色彩艳丽，却在很大程度上取决于日常的养护管理。

（一）浇水

花坛摆好后，要及时补充水分。浇水的时间、次数、灌水量则应根据气候条件及季节的变化灵活掌握。如有条件还应喷水，特别是对模纹式花坛、立体花坛，要经常向叶面喷水。由于花苗一般都比较娇嫩，喷水要注意以下几方面的问题。

1. 浇水时间

一般安排在上午 10 时前或下午 4 时以后。如果 1 天只浇 1 次，则应安排在傍晚前后，忌在中午，气温高、阳光直射的时间浇水。因这时土壤温度高，浇冷水后土温骤降，对花苗生长不利。

2. 浇水量

浇水量要适度，既不能水过地皮湿，而底层仍然是干的，也不能水量过大。土壤经常过湿，会造成花根腐烂。

3. 控制流量

浇水不可太急，避免冲刷土壤冲倒苗木，破坏图案。

4. 水温要适宜

一般春、秋雨季水温不能低于10℃，夏季不能低于15℃。如果水温太低，则应事先晒水，待水温升高后再浇。

（二）施肥

草花所需要的肥料，主要依靠整地时所施入的基肥。生长过程中，也可根据需要追肥。追肥时，千万注意不要污染花、叶。施肥后应及时浇水。球根花卉不可使用未经充分腐熟的有机肥料，否则会造成球根腐烂。

（三）中耕除草

花坛内的杂草与花苗争肥、争水，既妨碍花苗的生长，又影响观赏效果，所以，发现杂草就要及时清除。另外，为了保持土壤疏松，有利花苗生长，还应经常中耕、松土。但中耕深度要适当，不要损伤花根。中耕后的杂草及残花、败叶要及时清除掉。

（四）修剪

为控制花苗的植株高度，促使茎部分蘖，保证花丛茂密、健壮及花坛整洁、美观，要随时清除残花、败叶，经常修剪。草花花坛在开花时期每周剪除残花2~3次；模纹花坛更应经常修剪，保持图案明显、整齐。花坛中的球根类花卉，开花过度应及时剪去花梗，以便消除枯枝残叶，并可促使子球发育良好。为控制花苗的植株高度，促使茎部分蘖，保证花丛茂密、健壮以及保持花坛整洁、美观，应随时清除残花、败叶、经常修剪。

（五）补植

花坛内如果有缺苗现象，应及时补植，以保持花坛内的花苗完美无缺。补植花苗的品种、规格都应和花坛内的花苗一致。

（六）立支柱

生长高大以及花朵较大的植株，为防止倒伏、折断，应设立支柱。将花茎轻轻绑在支柱上。支柱的材料可用细竹竿，有些花

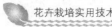

朵多而大的植株，除立支柱外，还应用铅丝编成花盘将花朵托住。支柱和花盘都不能影响花坛的观赏效果，最好涂以绿色。

(七) 防治病虫害

花苗生长过程中，要注意及时防治地上和地下的病虫害，由于草花植株娇嫩，所施用的农药要掌握适宜的浓度，避免发生药害。

(八) 花坛更换

由于草花生长期短，为了保持花坛经常性的观赏效果，做到四季有花，就必须根据季节和花期经常进行更换。每次更换要按照绿化施工养护中的要求进行，将各季节花坛更换常用花卉介绍如下（表6－1）。

1. 春季花坛

以3~5月份开花的一二年生草花为主，再配一些盆花。常用种类有三色堇、金盏菊、雏菊、桂竹香、矮牵牛、矮一串红、月季、瓜叶菊等。

2. 夏季花坛

以5~7月份开花的春播草花为主，配以部分盆花。常用的有石竹、百日草、半枝莲、一串红、矢车菊、美女樱、凤仙花、翠菊、万寿菊、高山积雪、地肤、宿根福禄考等，夏季根据需要更换1~2次，随时调换已过花期的部分种类。

3. 秋季花坛

以7~10月开花的春季播种草花配以盆花，常用的有早菊、一串红、荷兰菊、翠菊、日本小菊、鸡冠花、大丽花等。配置模纹花坛可用五色草、半枝莲、香雪球、彩叶草、石莲花等。

4. 冬季花坛

常用羽衣甘蓝、红叶甜菜等。

表　常用的花坛花卉

种类	适宜高度（cm）	最佳观赏期（月）	花色
三色堇	15~20	3~6	黄、红、蓝、白、复色
石竹	15~20	3~6	白、红、玫红、粉、复色
金盏菊	20~25	3~6	黄、橘黄
雏菊	10~15	3~6	白、红、粉
四季海棠	15~22	3~10	红、玫红、白、粉
矮牵牛	15~22	4~10	红、玫红、白、粉、蓝
美女樱	15~22	6~10	红、玫红、白、粉、紫
万寿菊	22~35	5~11	黄、橘黄、白
孔雀草	22~35	5~11	黄、橘红、复色
一串红	25~35	4~6、9~11	红、白、粉、紫
百日草	20~30	7~11	红、玫红、白、粉、黄
头状鸡冠	20~25	9~11	红、黄、玫红
羽状鸡冠	20~25	9~11	红、黄、玫红
小菊	25~35	7~11	红、黄、白
松叶牡丹	8~15	6~10	红、黄、白、玫红、复色
彩叶草	20~30	8~11	叶色为红、绿、黄及复色
五色草	12~18	9~10	叶色红、绿
雁来红	30~40	9~10	叶色红
非洲凤仙	15~20	9~10	红、粉、白、复色

九、花坛设计实例

（一）盛花花坛

1. 植物选择

以观花草本为主体，可以是一二年生花卉，也可以是球根花卉。另外，选择一些常绿小灌木及彩叶小灌木作辅助材料，如小叶黄杨、紫叶小檗、金叶女贞等。

常用的草花如下。

（1）红色主要有一串红、红色矮牵牛、鸡冠花、红色百日草。

（2）黄色主要有万寿菊、孔雀草、金盏菊、黄色金鱼草等。

（3）蓝色主要有串蓝、藿香蓟、蓝色翠菊、蓝色矢车菊等。

（4）白色主要有银叶菊、白色矮牵牛、白色翠菊等。

（5）粉色主要有粉色矮牵牛、粉色翠菊等。

（6）其他色主要有地肤、三色堇、小丽花、福禄考、天竺葵等。

2. 色彩的设计

盛花花坛表现的是花卉群体的色彩美，在色彩设计与搭配上要协调，常用的有对比色、暖色调的搭配、同色调的搭配。

（1）对比色。应用此配色活泼而明快。深色调对比较强烈；浅色调对比柔和而鲜明；如紫色 + 浅黄色（紫色三色堇 + 浅黄色三色堇、藿香蓟 + 黄早菊、荷兰菊 + 三色堇）；绿色 + 红色（地肤 + 星红鸡冠）等。

（2）暖色调。应用此配色鲜艳、热烈而庄重，常在大型花坛中应用。色彩不鲜明的可以加白色调剂，如红 + 黄或红 + 白 + 黄（黄早菊 + 白早菊 + 一串红或一品红；金盏菊或黄三色堇 + 白雏菊或白三色堇 + 浅色美女樱）。

（3）同色调。应用不常用，适于运用小花坛或花坛组中，起装饰作用，不作主景。如白色建筑前用纯红色的花，或由单线红色、黄色或紫红色的花组成花坛组。

3. 花坛色调的搭配

（1）花坛材料选择与配置。因花坛要保持鲜艳的色彩和整齐的轮廓，要求选用植株低矮、生长整齐、花期集中、株丛紧密而花色艳丽（或观叶）的种类，应便于经常换动，故常选一二年生花卉。

如毛毡花坛可选五色苋类、三色堇、雏菊、矮翠菊等，孔雀草、矮一串红、矮万寿菊、荷兰菊、彩叶草及四季秋海棠等的小苗也可以。

花丛花坛常用的花卉有三色堇、金盏菊、金鱼草、紫罗兰、福禄考、石竹类、百日草、一串红、万寿菊、孔雀草、美女樱、凤尾鸡冠、翠菊、菊花及球根花卉类如水仙类、风信子、郁金香、朱顶红等。花坛中心宜选择高大而整齐的花，如美人蕉、扫帚草、毛地黄、高金鱼草，也有用苏铁、蒲葵、海枣、凤尾兰。花坛边缘常用矮小灌木绿篱或常绿草本。

（2）色彩设计中需要注意的问题。

①一个花坛配色不宜太多，应有一个主色调，其他色调只起到勾画图案轮廓作用，一般只选用1~3种草花作为主色调，大型花坛4~5种，选用草花的色调忌杂乱均等。

②在花坛色彩搭配中注意颜色对人的视觉及心理的影响。如暖色调给人在面积上有扩张感，而冷色则收缩，因此，设计各色彩的花纹宽窄、面积大小要有所考虑。例如，为了达到视觉上的大小相等，冷色用的比例要相对大些才能达到设计意图。

③花坛的色彩要和其作用结合考虑。装饰性花坛、节日花坛要与环境相区别，组织交通用的花坛要醒目，而基础花坛应与主体相配合，起到烘托主体的作用，不可过分艳丽，以免喧宾夺主。

④花卉色彩不同于调色板上的色彩，需要在实践中对花卉的色彩仔细观察才能正确应用。同为红色的花卉，如天竺葵、一串红、一品红等，在明度上有差别，分别与黄早菊配用，效果不同，一品红红色较稳重、鲜明，而天竺葵较艳丽，后两种花卉直接与黄早菊配合，也有明快的效果，而一品红与黄早菊中加入白色的花卉才会有较好的效果。同样，黄、紫、粉等各色花在不同花卉中明度、饱和度都不相同，仅据书中文字描述的花色是不够的。也可用盛花坛形式组成文字图案，这种情况下用浅色（如黄、白）作底色，用深色（如红、粉）作文字，效果较好。

⑤要根据四周环境选用花坛色调，如在公园、广场等公共场所应选用鲜明活泼的暖色为主，而办公楼、纪念馆、图书馆应选

用安静幽雅的冷色为主。

⑥一般情况下，相间两种草花颜色尽量反差大一些，这样层次感强、易构成花坛轮廓线。若同一色调草花种植花坛时，浅色面积大一些，深色易镶边或勾画轮廓。白色草花除可衬托其他色草花，还可勾画鲜明的轮廓线。

⑦在花坛中央可栽植球形、圆锥形或莲座形的多年生常绿植物，如黄杨、苏铁、美丽针葵、松柏等；在大型花坛内为减少草花数量，可种植一些月季、草坪或地被植物。

4. 图案的设计

根据花坛四周环境以及花坛的功能，可将花坛做成带形、三角形、正方形、长方形、五角形、六角形、八角形、半圆形、圆形、椭圆形、菱形以及组合图案等，如道路交叉路口的圆形花坛、分车带的条形花坛、大建筑物前的八角形花坛或五角形花坛、文化广场的组合花坛等。

(二) 普通花坛的设计与施工

1. 花坛外形轮廓设计

应服从园林规划布局的要求。作为主景设计的花坛一般采用辐射对称、四面观赏的外形，而作为建筑物的陪衬则可采用左右对称、单面观赏的轮廓。花坛的大小应与所处的园林空间相协调，一般以不超过广场面积的1/3、不小于广场面积的1/10为宜。为便于观赏和管理，独立花坛的直径或宽度应在10m以下，必要时采用组合式布置。带状花坛宽度以2~4m为宜，其长度及段落的划分则依环境而定。

2. 花坛高度设计

主要从方便观赏的角度出发，如供四面观的花坛一般要求中间高、四周低。要达到这一要求有两种方法：一是堆土法，即在种植池中堆出中间高、四周低的土基，再将高度一致的花材按设计要求种植；另一种方法是直接选择不同高度的花卉布置，将高的种在中间，矮的种在四周即可。若为两侧观的带状花坛则要求中间高、两侧低或为平面布置，而单面观的花坛要求前排低、后排高。

3. 花坛边缘处理

主要考虑花坛装饰和避免游人踩踏，一般设有装缘石和矮栏杆。常见的装缘石有砼石、砖、条石、假山石等，高度一般为10~15cm，不超过30cm，宽10~15cm，兼作坐凳的可增至50cm。有些花坛不用装缘石，而是在花坛边缘铺设一圈草皮作装饰，或者种植一圈装缘植物，如葱兰、韭兰、麦冬、吉祥草、书带草、地肤、雀舌黄杨等，更显自然美观。花坛边缘的矮栏杆一般可有可无，但矮栏杆有装饰和保护的双重作用，因而应用仍然广泛。矮栏杆主要有竹制、木制、铁铸和钢筋砼制的四种，前两种制作简单，后两种经久耐用，可根据具体情况选用。矮栏杆设计的高度不宜超过40cm，纹样宜简洁，色彩以白色和墨绿色为佳。这两种颜色都能起到装饰和衬托的效果，而以白色更为醒目，墨绿色更耐脏。在以木本花卉作花材的花坛设计中，矮栏杆可用红橙木、金叶女贞、紫叶小檗等绿篱代替。此外，装缘石和矮栏杆的设计应注意与周围的道路和广场铺装材料相协调。

4. 花坛内部纹样和色彩设计

应与园林风格相适应，热烈气氛采用鲜艳的色彩，严肃的环境下准确展示纹样，一般色彩鲜艳的花坛，图案要力求简单。图案复杂的花坛，色彩不能杂乱。

5. 花坛中花材的选配

应满足前面提到的不同主题的花坛的要求，考虑高度和色彩的搭配，并注意花期的一致性。

思考题

1. 花坛设计基本应考虑哪些因素?

2. 调查节日花坛种类、选择的植物种类及花色，并进行评价。

3. 花坛日常如何管理？

4. 设计国庆节常用盛花花坛，标明使用植物种类、花色及比例。

第二节　组合盆栽

随着人们对盆栽观赏植物认知程度的深入、欣赏需求的增加，一个新的艺术形式被引进来，这就是组合盆栽。把几盆单株植物，如蝴蝶兰、凤梨等组合在一个容器中，使整盆植物看起来更加丰满、漂亮、气派。组合盆栽的应用，可以将植物的优点很好地表现出来，掩盖缺点，创造出优美的植物造型，增强艺术观赏性，提高商品价值。

组合盆栽也是一门艺术，就像插花作品一样，创作者巧妙运用植物所特有的色彩、线条、韵律、经过艺术的构思、加工成型，展现植物形态、色泽的美感。线条层次的变化以及和谐、自由、蓬勃的生机活力，将大自然中的美景浓缩于我们的面前，装饰我们的生活空间。组合盆栽是活的艺术品，是生活中展现美的用品，通过艺术的手法，以花卉和精美的容器为载体，展示出生活中的真善美，提升植物的商品价值。这种栽培方式在欧美、日本等发达国家非常流行，被称为“活的花艺、动的雕塑、容器中的花园”。国外将组合盆栽称为“迷你小花园”近年来，组合盆栽在我国也逐渐流行起来。组合盆栽定义简要来说就是运用各种时令花卉（1 种或多种），经人为设计安排后，表现植物特有的色泽、质感变化及层次、线条美感的新兴园艺产品（如图 6－10）。

图 6－10　组合盆栽

一、组合盆栽设计

合理设计是做好组盆最关键的一步，它既要求色彩搭配合理，又要求植株组合高低匀称，给人赏心悦目的感觉，还要求组合的植物能够相互兼容。什么植物能在一起，什么植物不能在一起，都有科学知识做依据，栽植在一起能够保证协调生长。

在组合盆栽的设计中有诸多因素需要考虑，包括颜色搭配、植物生长势、植物习性、栽培设计、栽培要求、开花时间、盆器大小等，因此，成功的组合盆栽产品需要种植者巧妙的构思、精心的设计和一定的植物栽培知识。

（一）植物色彩搭配

一个组盆摆在面前，首先映入眼帘的就是它的色彩，换句话说，色彩往往是组盆给人的第一印象。因此，学习组盆设计，先要了解组盆的色彩搭配问题。

我们平时说的七种颜色是红、橙、黄、绿、青、蓝、紫，从图6－11 可以看到它们在色环图上的分布。在色环图中，黄、红、蓝是不能用其他颜色混合而成的，被称为三原色，它们在环中形成一个等边三角形。三种原色混合而成的橙、紫、绿，被称为次色（第2次色，间色）。次色是橙、紫、绿色，处在三原色之间，形成另一个等边三角形。红橙、黄橙、黄绿、蓝绿、蓝紫和红紫六色为三次色。三次色是由原色和二次色混合而成。排列有序的色相环让使用的人能清楚地看出色彩平衡、调和后的结果。巧妙应用色环图可以搭配出不同韵律的色彩。

1. 互补色

互补色是把色环上直径两端的颜色相搭配，如黄和紫、橙与蓝。这种搭配可以使对方的色彩更加鲜明，产生强烈的视觉效果，给人以亮丽、鲜艳的感觉。常见的这种搭配有用黄色的孔雀草或万寿菊配紫色垂吊矮牵牛。

2. 近似色

近似色是利用色环图中相邻的色彩搭配而成，如黄绿、黄和黄橙，蓝、蓝紫和紫色。近似色搭配色彩变化不显著，具有明显的统一性，气氛宁静祥和，给人以和谐、优雅的感觉，多用于较为庄重的场合。

3. 单色

单色搭配是取一种颜色，用其不同的深浅程度来完成。这种搭配亦具有统一性，气氛宁静、淡雅，在欧洲很流行。这种搭配往往可以用一个反差大的花盆来增强效果，但如果想体现单色的主题，则最好用颜色相近的花盆。

4. 暖色

红、黄、橙等颜色会使人联想到火光、太阳、红旗，给人以

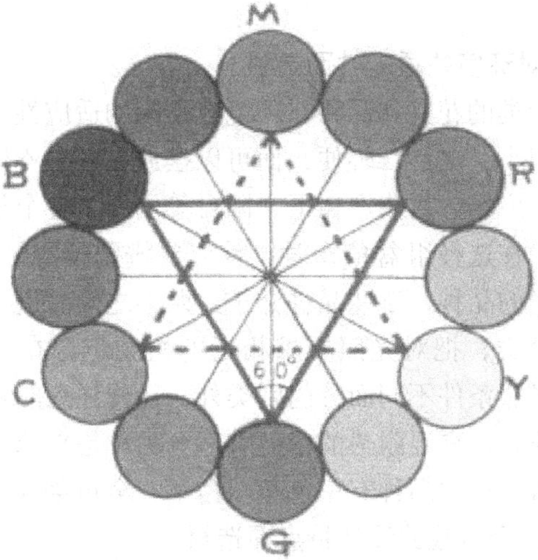

图 6-11　色环图

明快、温暖、热烈的感觉，常被用于喜庆的场合。如果想让你的组盆光彩夺目，暖色是一个很好的选择，但要注意不可太过火，否则就会变得俗气。暖色搭配可与赤陶色、浅红色或铜褐色的花盆或容器相配。

5. 冷色

蓝、紫和淡粉色属于冷色，它们的搭配可以创造出宁静、清凉、高雅的氛围。由于冷色搭配较为柔和，很容易与周围的环境融合，因而被广泛应用。冷色搭配适合种植于具有天然色彩的花盆中，如灰白色、灰黄色、青石色等，也适合于釉彩花盆，而置于赤陶色花盆也不难看。

（二）组合盆栽植物的选择

许多植物可以用作组合盆栽，但并不是所有适合花园栽植的植物都能够用来进行组合盆栽。这里介绍一些选择组合盆栽植物的要点。

1. 依对环境的适应性而选材

不同种类的花卉和品种对环境有不同的适应性。组合盆栽因其占地面积小，灵活、轻便，而可以摆放在各种不同的地方，例如，街道、广场、桥头、树下、阳台等。由于各个场所的光照条件不一样，在选择组盆植物时，首先要辨别哪些是耐阴的品种，哪些是喜光的品种，哪些品种介于这两类之间。进行组合盆栽时需将植物分类，把对光照要求相近的植物组合在一起。组盆选材，除因光照条件不同而分门别类外，还要注意品种对温度的要求。多数花卉是喜温耐热的，而有部分品种是喜凉的，只适宜在春秋季种植。这类品种有三色堇、角堇、金鱼草等。

2. 依组合盆栽的设计特点而选材

组合盆栽讲究多层次、立体感，色彩搭配合理，形式多种多样，所以对组合盆栽植物的选择有不同要求。

（1）植株高。度一般将株高为 40~60cm 的植物归为高秆植物；高度为 20~40cm 的植物为中等高度植物；低于 20cm 的属低矮植物。在低矮植物中，有一类植物是为组合盆栽广泛应用的，即垂吊型植物，如垂吊矮牵牛、常春藤等。这类植物不仅能增加组盆的整体深度，而且赋予整个作品流线感，是组盆时不可或缺的一类植物。

（2）植株质地。组盆时既要选择阔叶、粗犷的植物，如彩叶草，也要选择纤细、小叶、小花型植物，如香雪球。将阔叶大花与小花细秆的植物搭配起来，可以使组盆更加丰满。

（3）观叶植物。约 2/3 的组合盆栽中选用了观叶植物。观叶植物与观花植物搭配可丰富组合盆栽的叶形、叶色，并改善组合盆栽的质地，使组合盆栽更具有观赏价值。观叶植物的选择应着重于叶片的颜色，如紫色、银灰色等，这些颜色在观花植物中并不常见。还有些观叶植物具有特殊的生长习性，如垂吊型或匍匐型。

（4）观花植物。观花植物的花期要长，能持续开花，残花最好能自然清理。

3. 应避免的某些植物类型。

（1）有毒的或是多刺的植物。

（2）散发强烈难闻气味的植物。

（3）茎秆柔弱的高秆植物。

（4）叶型、叶色、观感一般、生长松散的观叶植物。

（5）花期很短的观花植物。

一般而言，一年生植物栽培容易、色彩丰富，是组合盆栽的首选植物。但将某些多年生植物，甚至小型的灌木、幼树等加入到组盆中，效果也很好。

4. 选择生长势相近的品种

植物生长势常分为4级，在多数情况下，选择生长势级别相同或相近的植物匹配更合理，以达到错开花期的目的。选用不同品种的植物可以弥补植物生长势的差异，对于生长势较强的植物可在组合盆栽前，采取浸泡生长调节剂的方式来降低其植物生长势，使其与其他组合盆栽的植物一致，此外，也可通过选用不同大小的穴盘苗来协调相互间的生长势差异。

（三）设计模式的选用

植物的排列也是组合盆栽中需要考虑的一个重要因素。通常情况下，植物生长的一致性能保证花色达到预期的外观效果，尤其是选用了同一品种的2~3类植物和两个品种以上的混合种植盆栽产品更应该注意。在实际运用中，对称三角形或三角形与十字形相对应的图案设计在组合盆栽产品中最为常见。

对于直立型盆器，也可遵循吊花篮式植物和色彩均匀分布在花篮里的排列方式，或遵循指定区域突出特定植物的组合设计模

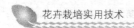

式，无论采用上述哪一种设计，盆器内植物的过渡或许不一致，但都能起到令人满意的视觉效果。

（四）组合盆栽容器的选择

选择合适的容器是组合盆栽中一个十分重要的环节。从植物栽植容器的基本功能来讲，只要能够容纳适量介质，提供足够的栽植深度，均可用作组合盆栽的容器。但是在多数情况下，组盆的容器并不仅仅是提供一个植株生长的场所。组盆的容器与植株共同形成一个可供观赏的艺术品，因此，组盆容器的选择一定要有创造性和艺术性，并充分考虑到与其中栽植的植株及周围的环境，以及与组盆摆设的目的和谐一致。在组盆容器选择时，应注意以下几点。

1. 摆放地点

组合盆栽既可以摆在地面，也可以吊在空中，还可以固定在窗台或墙壁上，甚至还可以漂浮在水面上。摆放地点决定了容器本身作为艺术品的重要性。比方说，对于摆在大门口的大型容器，就应有较高的艺术要求，但绝不能喧宾夺主，观赏的主体还应该是植物。

2. 栽植的植物种类

如果是垂吊型的品种，或是植株可将容器的全部或大部覆盖，容器的外观就不是那么重要了。

3. 容器的形状与大小

容器的形状要根据摆放地点、设计需求及整体的视觉效果来选择。容器的大小，则要依栽植的品种类型和植株数量来确定。容器必须能够提供所有成熟植株正常生长的土壤空间，并具有适当的土壤深度。浅的容器有较大的表土面积，水分蒸发快，同时也会使直根系的植物根系发育受阻。

4. 排水性能

对大多数植株来说，如果长期生长在排水不良的环境中，轻者生长受阻，容易感染病害，重则根系腐烂，植株死亡。理想的容器应该是上粗（宽）下细（窄），并在基部留有排水孔。对那些没有排水孔的大型容器，可采用两种办法来补救：一是在其内套一个有孔的容器，并在无孔的容器内保留足够的空间来收集多余的水分；二是在无孔的容器基部先垫一些大的砂石，然后装土。

5. 质地与颜色

市场上的容器可谓千姿百态、形形色色，但就其质地或是材料来说，主要是塑料、胶泥、陶土、陶瓷、木材、石材、金属、纤维、水泥等。质地的选择除了满足设计效果及功能的要求外，容器的通透性也是一个考虑因素。在颜色的选择上，一是要求与栽植的植株相匹配，另外，是从物理性质上考虑。黑色容器吸热，放在阴凉地方可以，但最好不要放在强光的环境中。

6. 移动性、经久性及安全性

如果容器需要经常搬动，重量应较轻一些，但也必须有足够的重量，以免被风吹倒或是一些小动物碰倒。要考虑到是否会给小孩子造成意外伤害。如果容器是一直摆放在室外，还应该考虑到在北方寒冷的气候条件下，冻融交替对容器产生的破坏作用。

7. 价格

现在的栽植容器越做越精致，价格相差亦很大，应在预算所能达到的范围内选择。其实，盆器的大小随组合盆栽内容而变，尺寸的选择可根据生产成本、盆器自身价格和零售价格而定，通常“吊花篮”采用25cm盆器，直立型采用30cm盆器，若客户需要更高质量和观赏性好的大盆器，那么，组合盆栽的零售价格也可相应调高。

（五）选用合适的养护方法

若组合盆栽设计时未考虑植物的养护要求，那极有可能破坏一种或多种植物在组合盆栽中的整体观赏效果，此外，还应综合考虑植物生长所需的温度、光照、水肥和土壤的 pH 值，适时调整参数以满足各种植物的基本生长需求。通常情况下，最好不要将养护要求截然不同的植物组合种植，但从植物活性的角度考虑，只要其养护要求确切，组合中也可选用较为温和的植物品种。

（六）把握植物的开花时间

要确保组合盆栽的植物处于含苞待放的最佳状态摆上零售货架，种植者就要掌握所选植物的确切开花时间，花期一致或重复开放的花卉品种是不错的选择。多数情况下，也可将开花迟缓的品种与开花早的品种组合种植，同样能达到预期的观赏效果，但需要对开花延迟品种的穴盘苗进行延长日照时间和中断夜间照明等处理。此外，最好选用大且强壮的穴盘苗进行组合种植。

二、组合盆栽制作

组合盆栽制作前，首先要掌握植物的生长特性，它是制约选材的主要因素。这对作品的整体外观、水肥养护以及病虫害防治都是十分重要的。如果制作之前没有考虑所用花材的开花时间、花期长短、光照及水肥需求等因素，绝不可能完成一件成功的作品。

要按照组合盆栽的生命周期，预留好各种植物的生长空间。植物与相关配材是组合盆栽的主角，选择植物配材时需要考虑的因素有四项：相容性、形态搭配、色彩质感及象征性。

1. 植物的相容性

要想使一件组合盆栽作品的观赏寿命在1个月以上，首先要考虑植物配材的相容性。

（1）按光照需求分类。组合盆栽应用的观赏植物，以其在生长过程中对光照的需求，分为全日照、半日照及耐阴植物三大类。全日照植物需要光照度比较强（如香冠柏、垂叶榕、天竺葵、变叶木及各种阳生草花等）；半日照植物需要中等光照（如大花蕙兰、蝴蝶兰、发财树、凤梨科植物等）；而耐阴植物则要求光照较弱（如竹芋、袖珍椰子、蕨类、粗肋草等）。

（2）按水分需求分类。如彩色马蹄莲和白色马蹄莲虽同属天南星科，但前者怕涝后者喜水，将这两种植物组合就不合适。又如多浆类植物及有气生根的植物不需太多水分，而有些植物如仙客来、杜鹃及草花类植物则必须天天浇水。这就要求花艺师熟悉各种植物的生理特点，在选择组合植物时，这些因素都要考虑进去。

2. 形态搭配

植物的外形轮廓是植物和自然生长条件相互作用产生的，人为因素影响其形态、生长方向、密度、甚至植株大小。根据植物配材的造型可将组合盆栽分成以下几类。

（1）填充型。指茎叶细致、株形蓬松丰满，可发挥填补空间、掩饰缺漏功能的植物，如波士顿肾蕨、黄金葛、白网纹草、椒草等。

（2）焦点型。具鲜艳的花朵或叶色，株形通常紧凑，叶片大小中等，在组合时发挥引人注目的重心效果，如观赏菠萝、非洲堇、报春花等。

（3）直立型。具挺拔的主干或修长的叶柄，高挑的花茎，可作为作品的主轴表现亭亭玉立的形态，如竹蕉、白鹤芋、石斛兰等。

（4）悬垂型。具蔓茎或线型垂叶者，适合摆在盆器边缘，叶向外悬挂，增加作品动感、表现活力及视觉延伸效果，如常春藤、吊兰、蕨类等。在进行组合盆栽创作时，要从不同的角度反复观察植物，把植物形态最完美的一面以及最佳的形态展现出来。植物除了外形多变，尺寸变化也大，令观赏者感到新鲜和惊奇。

3. 色彩质感搭配

观叶植物的组合盆栽要强调植物色彩斑纹的变化，利用植物叶片颜色的深浅，将同色系、质地类似的多种植物或品种混合配植，来强化作品的色彩。而制作观花植物组合盆栽，选定主花材时，一定要有观叶植物配材，颜色交互运用，也可采用对比、协调、明暗等手法，使作品活泼亮丽，呈现视觉空间变大的效果。不同植物色彩及质感的差异，能提高作品的品位，使作品更加耐人寻味。

比如夏季用白色或淡黄色特别清爽，春季用粉彩色系特别浪漫柔情。深浅绿色的观叶植物搭配组合十分高雅。如圣诞节欢快的红色与绿色、春节喜事的大红色等都可以作为设计的主调。但色彩对比的变化要有共同之处，不宜全同或全异。

4. 植物的象征意义

运用植物的象征意义来增强消费者购买愿望。比如蝴蝶兰象征高贵、祥和；大花蕙兰象征幸福、快乐；凤梨象征财运高涨，用这些花卉做组合盆栽的主花材，适宜节日送礼。金琥有辟邪、镇宅之功效，而绿萝、吊兰、虎尾兰、一叶兰、龟背竹是天然的清道夫，可以清除空气中的有害物质，特别是对甲醛颇有功效。用这些植物做组合盆栽的主花材，适于祝贺乔迁新居。

5. 确定主题品种

要想制作一件令人满意的组合盆栽作品，首先要确定主题品种。一个作品上可能会用到多种花卉，但突出的只有一两种，其他材料都是用来衬托这个主题花材的。主花的颜色也奠定了整个作品的色彩基调，而这一切的选择和制作目的、用途以及所摆放的场合是密不可分的。一般应把主景植物放在中央或在盆长的2/3处，容器深度需大于植物根团，体积不超过整体组合作品的1/3~1/2，然后再配置一些陪衬植物，也可留有空隙铺一些卵石、贝壳加以点缀。容器边缘也可种植蔓生植物垂吊下来，遮掩容器边框。选择摆放组合盆栽的位置时，要考虑植物最终高度不可遮掩，以免造成阻挡。容器尺度最好依摆放的位置长度量制，塑料盆可加木框或金属架构，以保障安全。

6. 装饰物及配件的巧妙运用

组合盆栽的装饰物及配件的运用，必须以自然色为根本原则。其应用具有强化作品寓意和修饰的功能，尤其是情景式、故事性的设计，如搭配大小适宜的偶人、模型，有助于故事画面的具体化，但必须注意它们之间的比例，以免过于突出或失真。

7. 创作手法多样

有造园园艺手法、花艺手法、礼品包装手法和架构式手法。各种创作手法的运用也需要从创作目的考虑。比如为西式餐厅创作组合盆栽桌花，就可用花艺手法和架构手法，并运用西式插花花艺风格创作；用于开业或庆典的组合盆栽，则要根据场合、气氛以及摆放位置综合考虑设计手法和风格；古典装修风格的房间可以摆放优美的观叶植物或者蕨类植物组合盆栽；现代建筑室内摆放小叶植物组合盆栽相当迷人；若作为日常馈赠礼物，也可采用礼品包装手法，即将组合盆栽用包装纸或羽毛、丝绸等点缀装饰，彰显华丽美观。

三、组合盆栽养护管理

（一）晒太阳

如果盆栽以观叶植物为主，烈日是大忌，应放在屋内有散射光的地方；如果以观花植物为主，应放在阳光照射充足的地方，但切忌阳光照射下的温度太热，否则会导致花开得过快。无论盆栽内容如何，都建议有间隔地晒太阳，同时有规律地转动花盆，让每一面的植株受光均匀。

（二）浇水

如果感到空气干燥时，要为观叶植物的叶面上喷洒点水，增加湿度保证叶面质感，时间建议在早晨，而且避免强光。

（三）施肥

肥料问题需要格外注意，不要整体施肥，容易导致植株生长过快，破坏视觉效果，可以单独为叶面追肥，比如用棉球蘸啤酒擦拭叶面。对于不同的组合盆栽，要求氮、磷、钾三要素之间的比例有所不同，对于观叶植物来说，偏施氮肥有助于枝叶生长；对于观花植物，磷、钾肥更为重要。施肥应遵循“薄肥勤施、细水长流”的原则。

（四）病虫害防治

一旦感染病虫害，应及早处理，多采用修剪残枝、枯叶等集中销毁的办法，或采用其他物理方法如擦拭、水冲等除去病源区或虫体。化学药剂应选用低毒环保药剂。对于感染病虫害严重且观赏价值较低者，建议全部淘汰，重新选择植物材料进行组合盆栽。

思考题

1. 组合盆栽中植物、色彩、高矮如何搭配？
2. 组合盆栽中如何选择盆器？
3. 简述组合盆栽的养护管理。

第七章　花卉植物病虫害防治技术

第一节　病害防治技术

一、园林植物主要叶部病害及防治

园林植物叶部病害种类繁多，对园林植物的观赏效果影响很大，主要有霜霉病、白粉病、锈病、炭疽病、灰霉病、叶斑病、叶畸形和病毒病等。

它们的特点是：初侵染源主要来自病落叶，潜育期短，有多次再侵染发生；病害主要通过风、雨、昆虫和人类活动传播；常引起叶片斑斑点点，支离破碎，甚至提前落叶、落花，严重消弱花木生长势。

（一）叶斑病类

叶斑病是叶片组织受局部侵染，出现各种形状斑点病的总称。叶斑病又分为黑斑病、褐斑病、圆斑病、角斑病、班枯病、轮斑病、灰斑病等。

1. 月季黑斑病

（1）分布与为害。月季黑斑病为世界性病害，我国各地均有发生。是月季最主要的病害，还为害蔷薇、黄刺玫、山玫瑰、金樱子、白玉堂等近百种蔷薇属植物及其杂交种。常在夏秋季造成黄叶、枯叶、落叶，月季成“光秆状”，影响月季的开花和生长。

（2）症状。主要为害叶片，也为害叶柄和嫩梢及花梗。感病初期叶片上出现褐色小点，以后逐渐扩大为圆形或近圆形的斑

图7-1 月季黑斑病叶

点，边缘呈不规则的放射状，病部周围组织变黄，病斑上生有黑色小点，即病菌的分生孢子盘，严重时病斑连片，甚至整株叶片全部脱落，成为光秆。嫩枝上的病斑为长椭圆形、暗紫红色、稍下陷（图7-1）。

（3）发病规律。病菌以菌丝和分生孢子在病残体上越冬。露地栽培，病菌以菌丝体在芽鳞、叶痕或枯枝落叶上越冬。温室栽培以分生孢子或菌丝体在病部越冬。病菌借风雨、飞溅水滴传播为害，因而多雨、多雾、多露时易于发病。长江流域有5~6月和8~9月两次发病高峰。在北方一般8~9月发病最重。病菌可多次重复侵染，整个生长季节均可发病。植株衰弱时容易感病。雨水是病害流行的主要条件。低洼积水、通风不良、光照不足、肥水不当、卫生状况不佳等都利于发病。月季不同品种抗病性也有差异，一般浅色黄花品种易感病。老叶较抗病，新叶较感病。

2. 香石竹叶斑病

香石竹叶斑病也叫斑点病，为世界性病害，是香石竹主要病害。

（1）分布与为害。分布于北京、上海、昆明、天津、成都、上海、深圳等地。该病主要为害香石竹、石竹等石竹科草花。为害叶片和茎部，造成叶片叶斑和叶枯，并可造成茎腐、花不开放，影响香石竹切花的产量和质量，并降低其观赏价值。

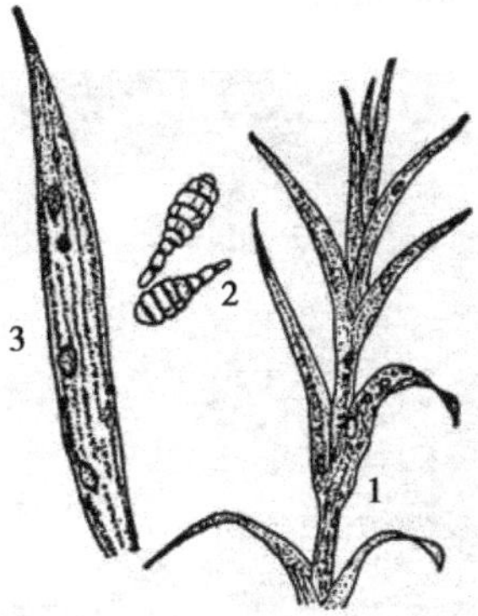

图 7－2　香石竹叶斑病

1. 枯株症状　2. 分生孢子　3. 叶上症状

（林焕章，1999）

（2）症状。多从下部老叶开始发病。发病叶片初期产生淡绿色圆形水浸状病斑，直径可达 3～5mm，后变紫色或褐色，有时病斑也可为不规则长条形。茎上发病，病斑可环绕茎或枝条一周，造成上部枝叶枯死。花苞受害，可使花不能正常开放，并造成裂苞。潮湿时，发病部位产生黑色霉层（图 7－2）。

（3）发病规律。病原菌主要以菌丝和分生孢子在病株和土壤中的病残株上越冬。分生孢子借气流和雨水传播。从伤口和气孔侵入。温度在 21℃左右、多雨、连作、老叶多等条件易于发病。露地栽培发病期 4～11 月，温室周年发病。草体柔弱、叶形宽大的大花系感病。

3. 菊花褐斑病

菊花褐斑病又称黑斑病，是菊花上常见病害，全国各地都有发生。

（1）分布与为害。北京、黑龙江、大连、深圳、成都等地都有发生。发生严重时，叶片枯黄，全株萎蔫，叶片枯萎、脱落，影响菊花的产量和观赏性。

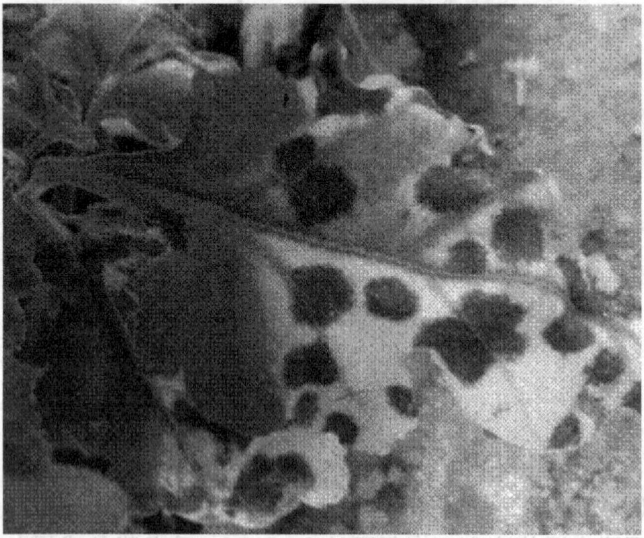

图7－3　菊花褐斑病病叶

（2）症状。发病初期叶片病斑近圆形，紫褐色，背面褐色或黑褐色。发病后期，病斑近圆形或不规则形，直径可达12mm，病斑中间部分浅灰色，其上散生细小黑点，为病菌的分生孢子器。一般发病从下部开始，向上发展，严重时全叶变黄干枯（图7－3）。

（3）发病规律。病原菌以菌丝体和分生孢子器在病残体上越冬。分生孢子器翌年吸水产生大量分生孢子借风雨传播。温度在24～28℃，雨水较多，种植过密条件下，该病发生比较严重。

4. 苏铁斑点病

苏铁斑点病又名白斑病，是苏铁常见病害。严重时，大部分叶片干枯。

（1）症状。初期病斑为淡褐色小点，后扩大呈圆形或不规则形病斑，边缘红褐色，中央灰白色，严重时病斑连成片，造成叶片上部干枯，后期病斑上产生小黑点（图7－4）。

图7－4　苏铁斑点病

（2）发病规律。此菌主要以分生孢子器或菌丝体在被害中片上越冬，次年形成分生孢子，借风雨传播蔓延。此病在广州地区自5~11月均有发生，以8~9月发生较重，高温多雨利于病害的发生。苏铁栽植在瘦瘠的黏质土壤中，或将盆栽苏铁放置于辐射热强烈的水泥地上，都会加重病害的发生。

5. 叶斑病防治方法

（1）加强栽培管理。合理施肥，肥水要充足；夏季干旱时，要及时浇灌；在排水良好的土壤上建造苗圃；种植密度要适宜，以便通风透光降低叶片湿度；及时清除田间杂草。

（2）消灭侵染来源。随时清扫落叶，摘去病叶。冬季对重病株进行重度修剪，清除病茎上的越冬病原。休眠期喷施3~5

波美度的石硫合剂。

（3）药剂防治。注意发病初期及时用药。常用药剂：70%甲基硫菌灵可湿性粉剂1 000倍液，10%世高水分散粒剂6 000～8 000倍液，50%代森铵水剂1 000倍液，70%代森锰锌800～1 000倍液，50%多菌灵可湿性粉剂500～1 000倍液，47%加瑞农可湿性粉剂600～800倍液，40%福星乳油8000～10 000倍液、10%多抗霉素可湿性粉剂1 000～2 000倍液，10～15天喷施1次，连续喷施3～4次。

（二）白粉病类

白粉病是园林植物上发生极为普遍的一类病害。一般多发生在植物生长中后期，可侵害叶片、嫩枝、花、花梗和新梢。多发生在寄主生长的中后期，可侵害叶片、嫩枝、花、花柄和新梢。初期在叶片上是褪绿斑，然后长出白色粉末状霉层，在生长季节进行再侵染。可造成叶片不平整，以致卷曲，萎蔫苍白，生长受抑，降低观赏价值，严重导致枝叶干枯，甚至全株死亡。

1. 瓜叶菊白粉病

（1）分布与为害。全国各地都有发生。发病时植株生长不良，叶片干枯，影响产量和观赏效果。

（2）症状。主要为害叶片，也为害花蕾、花、叶柄、嫩茎等。发病初期，叶片上产生小的白色粉霉状的圆斑，直径4～8mm，条件适宜时，病斑迅速扩大，连成一片，整片叶布满白粉（图7－5），造成叶片扭曲、卷缩、枯萎，花小而提早凋谢。苗期发病较重。发病后期病斑表面可产生黑色小粒点——闭囊壳。

（3）发病规律。病菌在病叶及其他病残体上越冬。第二年气温回升时，病菌借气流和浇水传播。适宜发病的温度为16～24℃，湿度大、通风不良时易引起该病大发生。成株在3～4月为发病高峰，幼苗11月为发病高峰。

图 7－5　瓜叶菊白粉病病叶

2. 月季白粉病

白粉病是月季的一种常见病害，为害蔷薇属多种植物。该病的发生可引起病叶卷曲、枯焦，嫩梢可枯死，花不能开放或花姿不整，影响植株的生长和观赏价值。

（1）症状。白粉病为害月季的叶片、嫩梢、花蕾及花梗等部位。嫩叶染病后，叶片皱缩、卷曲呈畸形，有时变成紫红色，老叶染病后，叶面出现近圆形，水渍状褪绿的黄斑，与健康组织无明显界限，叶背病斑处有白色状物，严重受害时叶片枯萎脱落。嫩梢及花梗受害部位略膨大，其顶部向地面弯曲。花蕾受侵染后不能开放，或花姿畸形。受害部位的表面布满白色粉层，这是白粉病的典型特征（图 7－6）。

（2）发病规律。病原为蔷薇单丝壳菌，病菌以菌丝体在病芽、病枝、病叶上越冬，春天随芽萌动，开始侵入幼嫩部位，再

图 7-6　月季白粉病病叶

产生新的孢子，随风传播。光照弱、通风不良、浇水过量、氮肥过多等，发病更严重。

3. 白粉病的防治方法

（1）消灭越冬病菌，秋冬季节结合修剪，剪除病弱枝，并清除枯枝落叶等集中烧毁，减少初侵染来源。休眠期喷洒 2~3 波美度的石硫合剂，消灭病芽中的越冬菌丝或病部的闭囊壳。

（2）加强栽培管理，改善环境条件。栽植密度、盆花摆放密度不要过密；温室栽培注意通风透光。增施磷、钾肥，氮肥要适量。浇水最好在晴天的上午进行。浇水方式最好采用滴灌和喷灌，不要漫灌。生长季节发现少量病叶、病梢时，及时摘除烧毁，防止扩大侵染。

（3）化学防治：发病初期喷施 15% 粉锈宁可湿性粉剂 1 500~2 000倍液、25% 敌力脱乳油 2 500~5 000倍液、40% 福星乳油 8 000 ~ 10 000倍液、45% 特克多悬浮液 300 ~ 800 倍液。温室内可用10% 粉锈宁烟雾剂熏蒸。

（4）生物制剂：近年来生物农药发展较快，BO - 10（150~200 倍液）、抗真菌素 120 对白粉病也有良好的防效。

（5）种植抗病品种：选用抗病品种是防治白粉病的重要措施之一。

（三）灰霉病类

灰霉病是园林植物最常见的病害，各类花卉都可被灰霉病菌侵染。病原物寄生能力较弱，只有在寄主生长不良、受到其他病虫为害、冻伤、创伤，火之舞幼嫩、多汁、抗性弱时，才会发病。潮湿情况下，受害部位产生大量灰色霉层。

1. 仙客来灰霉病

（1）分布与为害。仙客来灰霉病是世界性病害，全国各地均有发生。为害仙客来叶片和花瓣，造成叶片、花瓣腐烂，降低观赏性。

（2）症状。叶片、叶柄和花瓣均可侵染。叶片受害呈暗绿色水浸状斑点，病斑逐渐扩大，叶片呈褐色干枯。叶柄和花梗受害后呈水浸状腐烂，之后下垂。花瓣感病后产生水浸状腐烂并变褐色。在潮湿条件下，病部均可出现灰色霉层。发病严重时，叶片枯死，花器腐烂，霉层密布（图 7 –7）。

（3）发病规律。病菌以菌核、菌丝或分生孢子随病残体在土壤中越冬。翌年，当气温达 20℃，湿度较大时，产生大量分生孢子，借风雨等传播侵染，1 年中有 2 次发病高峰期，即 2~4 月和 7~8 月。高温多湿有利于该病发生，土壤黏重、排水不良、光照不足、连作地块易发病。病菌从伤口侵入，室内花盆摆放过密使植株接触摩擦叶面出现伤口，有利于发病。

2. 四季海棠灰霉病

（1）分布与为害。南方发病较重。引起叶片、花冠腐烂，降低观赏效果。

（2）症状。主要为害花、花蕾和嫩茎。在花及花蕾上初为水浸状不规则小斑，稍下陷，后变褐腐败，病蕾枯萎后垂挂于病组织之上或附近。在温暖潮湿的环境下，病部产生大量灰色霉层（图7－8）。

图7－7　仙客来灰霉病

图7－8　四季海棠灰霉病病斑

（3）发病规律。病菌在病残体上及发病部位越冬。多自伤口侵入，也可由气孔或表皮直接侵入，借风雨传播。一般在3~5月，温室花卉易发生灰霉病；寒冷、多雨天气易诱发灰霉病的发生；缺钙、多氮也加重此病发生。

3. 灰霉病类防治方法

（1）加强栽培管理。改善通风透光条件，温室内要适当降低湿度，注意通风，减少伤口。合理施肥，控制氮肥用量；及时清除病株销毁，减少侵染来源。

（2）药剂防治。生长季节喷施50%扑海因可湿性粉剂1 000～1 500倍液、50%速克灵可湿性粉剂1 000～2 000倍液、45%特克多悬浮液300～800倍液、10%多抗霉素可湿性粉1 000～2 000倍液等杀菌剂。

（3）药物熏蒸。用一熏灵Ⅱ号（有效成分为百菌清及速克灵）熏烟，用量为0.2~0.3g/m^2，每隔5~10天熏烟1次。烟剂点燃后，吹灭明火，在较小容积内熏烟，勿超过上述剂量，以免发生药害。

(4) 连年盛发的温室忌连作。必须种植时，应用甲醛密闭熏蒸彻底灭菌。

(四) 锈病类

由担子菌亚门冬孢子菌纲锈菌目的真菌引起，主要为害叶片，引起叶枯及叶片早落，严重影响植物的生长。在园林植物上常见的有玫瑰锈病、桧柏——海棠锈病、毛白杨锈病、圆柏胶锈病、竹叶锈病、香石竹锈病、菊花锈病等。

1. 玫瑰锈病

(1) 分布与为害。为世界性病害。分布在北京、山东、河南、陕西、安徽、江苏、上海、广东和云南等省市。为玫瑰月季的一种常见和为害严重的病害。受害叶早落，影响生长和开花。

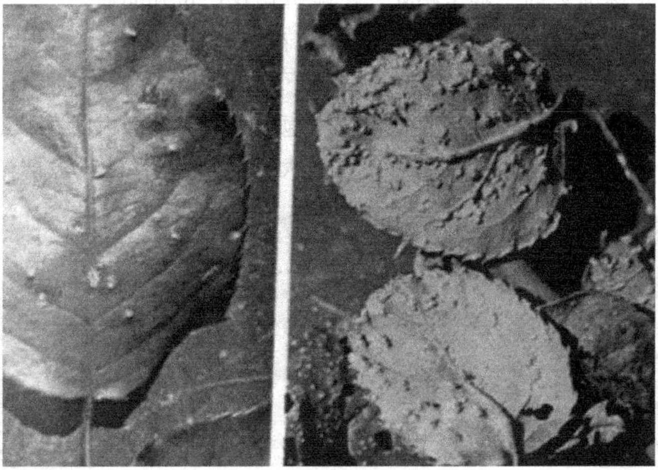

图 7－9　玫瑰锈病病叶

(2) 症状。此病主要为害芽、叶柄、花、果、嫩枝等部位。发病初期，叶片正面出现淡黄色粉状物（如图 7－9）。反面有黄色稍隆起的小斑点——锈孢子器，成熟后突破表皮散出橘红色粉末，随着发展又出现橘黄色粉堆——夏孢子，秋末叶背面有黑褐色粉状物，即冬孢子堆和冬孢子。

（3）病原及发病规律。病菌以菌丝在玫瑰芽内和以冬孢子在患病部位及枯枝落叶上越冬，第二年玫瑰发芽时开始发病，4月下旬出现病芽，在嫩芽、嫩叶上呈现出橙黄色粉状物，即锈孢子。5月玫瑰花含苞待放时在叶背开始出现夏孢子，借风、雨、昆虫等传播，进行多次再侵染。6月、7月、9月发病最重。四季温暖、多雨、空气湿度大的地区及年份发病重。

2. 菊花锈病

菊花锈病在我国普遍发生，常见有两种类型，即菊花白锈病和菊花黑锈病。发病严重时，其上布满病斑，引起叶片上卷，植株生长逐渐衰弱，甚至枯死，影响鲜切花产量和品质。

（1）症状。主要为害叶片。菊花白锈病在叶下表皮出现灰白色疱状突起，渐变淡褐色，表皮下即为病菌的冬孢子堆。

菊花黑锈病在叶下表皮出现小疱状突起，有时叶上表皮也发生，疱状突破裂，散发出黑褐色焰状孢子（如图7－10）。

图7－10 菊花锈病

（2）病原与发病规律。病原属担子菌亚门、冬孢纲、锈菌目、柄锈菌属。病菌在芽内越冬，次年春侵染幼苗，一个生长季节可多次再侵染。密度大、湿度高、多雨天气有利于发病，氮肥过量会加重病害流行。

3. 锈病类防治方法

（1）在园林设计及定植时，避免海棠、苹果、梨等与桧柏、龙柏混栽。

（2）为减少菌源，春季及时摘除病芽，将病枝芽、病叶等集中烧毁，消灭再侵染源。发病初期及时清除，烧毁枯枝败叶，以减少病源。

（3）加强管理。种植在地势高燥，排水良好，土壤肥沃，通风透光的地方为好；降低湿度，合理密植增施钾肥和镁肥，提高植株的抗病力；避免海棠、苹果、梨等与桧柏、龙柏混栽，间隔距离5km以上。

（4）3~4月冬孢子角胶化前在桧柏上喷洒1：2：100倍的石灰倍量式波尔多液，或50%硫悬浮液400倍液抑制冬孢子堆遇雨膨裂产生担孢子。发病初期可喷洒25%粉锈宁可湿性粉剂1 000 ~1 500倍液，40%氟硅唑乳油8 000 ~ 10 000倍液喷雾，每10天1次，连喷3~4次；或用12. 5%烯唑醇可湿性粉剂3 000 ~ 6 000倍液、10%世高水分散粒剂稀释6 000 ~ 8 000倍液、40%福星乳油8 000 ~ 10 000倍液喷雾防治。

（五）炭疽病类

在园林植物上常见的炭疽病有兰花炭疽病、梅花炭疽病、山茶炭疽病、牡丹（芍药）炭疽病、樟树炭疽病、茉莉炭疽病、万年青炭疽病、虎尾兰炭疽病、君子兰炭疽病、大叶黄杨炭疽病、橡皮树炭疽病、鸡冠花炭疽病等。此病主要为害叶片，也可为害枝、茎。叶片受害时，叶片中部呈淡褐色或灰白色，边缘呈紫褐色或暗褐色的近圆形病斑。病斑常出现在叶缘或叶尖，可扩展。后期病斑上有小黑点，即为该病的病征表现。茎上也可产生圆形或近圆形淡褐色斑点，上面也有小黑点，炭疽病的病斑多凹陷。

1. 兰花炭疽病

（1）分布与为害。在兰花生产地区普遍发生。主要为害春兰、蕙兰、建兰、墨兰、寒兰以及大花蕙兰、宽叶兰等兰科植物。严重时叶片斑痕累累，影响兰花正常生长。

（2）症状。主要为害叶片。叶片上的病斑以叶缘和叶尖较为普遍，少数发生在基部。病斑半圆形、长圆形、梭形或不规则形，有深褐色不规则线纹数圈，病斑中央灰褐色至灰白色，边缘黑褐色。后期病斑上散生有黑色小点，病斑多发生于上中部叶片。果实上的病斑为不规则、长条形黑褐色病斑。病斑的大小、形状因兰花品种不同而有差异（图7－11）。

（3）发病规律。病菌在病残体、假鳞茎或土壤中越冬。病菌借风、雨、昆虫传播，进行多次再侵染。从伤口侵入，也可在嫩叶上直接侵入。发病适温为22~28℃，空气相对湿度95%以上。雨水多、密度大发病重。3~11月均可发病，雨季发病重，老叶4~8月、新叶8~11月发病多。品种不同，抗病性有差异，墨兰及建兰较抗病，春兰、寒兰不抗病，蕙兰适中。

2. 君子兰炭疽病

（1）症状。多发生在外层叶基部，开始时水渍状，逐渐凹陷。发病初期，叶片上是淡褐色小斑，随病情发展逐渐扩大呈圆形或椭圆形病斑，病部具有轮纹，后期产生黑色小点，潮湿时出现粉红色黏稠物（如图7－12）。

（2）发病规律。病菌在寄主残体或土中越冬，4月初老叶开始发病。靠气流、风雨、浇水等传播，从伤口侵入。5~6月，温度22~28℃、高温高湿多雨季节发病重，偏施氮肥、缺磷、钾肥时发病重。

3. 炭疽病的防治方法

（1）加强养护管理，增强植株的抗病能力。选用无病植株

春兰炭疽病症状

墨兰炭疽病症状

绒叶春兰炭疽病病叶

春兰炭疽病子实体

图 7－11　兰花炭疽病

栽培；合理施肥与轮作，种植密度要适宜，以利通风透光，降低湿度；注意浇水方式，避免漫灌；盆土要及时更新或消毒；选用抗病品种。

（2）清除病原。及时清除枯枝、落叶，剪除病枝，刮除茎部病斑，彻底清除根茎、鳞茎、球茎等带病残体，消灭初侵染来源。休眠期喷施 3~5 波美度的石硫合剂。

（3）药剂防治。在发病初期及时喷施杀菌剂，常用的药剂：47% 加瑞农可湿性粉剂 600 ~ 800 倍液，40% 福星乳油 8 000 ~ 10 000倍液，10% 世高水分散粒剂 6 000 ~ 8 000倍液，10% 多抗霉素可湿性粉剂 1 000 ~ 2 000倍液，50% 多菌灵 800 倍液，70% 甲基硫菌灵 1 000倍液，75% 百菌清 800 倍液或 80% 炭疽福美

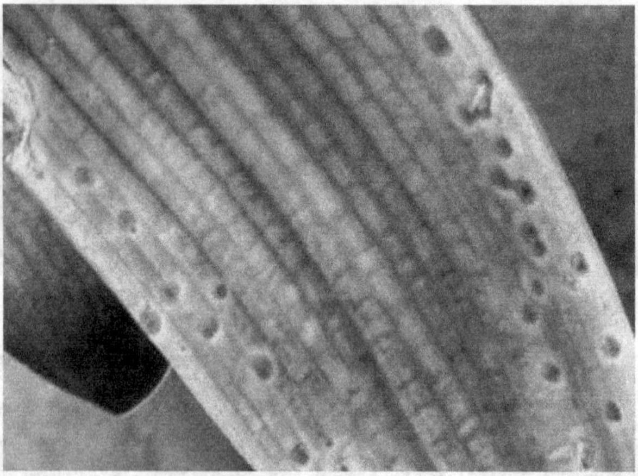

图 7－12　君子兰炭疽病

800 倍液。每 10~15 天喷 1 次，连喷 4~5 次。

（六）霜（疫）霉病类

该类病害典型的症状特点是叶片正面产生褐色多角形或不规则形的坏死斑，叶背相应部位产生灰白色或其他颜色疏松霜霉状物，病原物为低等鞭毛菌，在低温高湿情况下发病重。

1. 月季霜霉病

（1）分布与为害。霜霉病是月季重要病害之一，发生较普遍。除月季外，还为害蔷薇科其他花卉。引起叶片早落，影响树势和观赏。

（2）症状。为害植株地上部分，叶片最易受害，常形成紫红色至暗褐色不规则形病斑，边缘色较深。花梗、花萼或枝干形成紫色至黑色大小不一的病斑，感病枝条常枯死。发病后期，病部出现灰白色霜霉层，常布满整个叶片。有的病斑是紫红色，中心为灰白色（如图 7－13）。

（3）发病规律。病菌在患病组织或落叶中越冬越夏。翌春

图 7－13　月季霜霉病症状

条件适宜时病菌随风传播，进行初侵染和再侵染。病菌传播的适宜温度为 10~25℃，相对湿度为 100%。湿度大有利于病害的发生与流行。露地栽培时该病主要发生在多雨季节，温室栽培时主要发生在春秋季。若温室不通风，湿度较高，叶缘易积水发病。

2. 蝴蝶兰疫病

（1）分布与为害。分布于各栽培区，是蝴蝶兰的严重病害之一，受害植株常枯死。还可为害多种草花类植物、蔬菜等。

（2）症状。植株各部位均可发病，以叶及根茎处发病较多。初为水浸状褐色小斑点，后扩大形成大型腐烂病斑，病斑黑褐色，周缘略黄，有时病斑腐烂处着生白色霉层，末期呈黑褐色纸状干枯。

3. 霜霉病（疫病）类防治方法

（1）加强栽培管理，及时清除病枝及枯落叶。合理浇水，避免大水漫灌。温室栽培注意通风透气，控制温湿度。

（2）药剂防治。花前结合防治其他病害喷施1：0.5：240的波尔多液、75%百菌清可湿性粉剂800倍液、50%克菌丹可湿性粉剂500倍液。6月从田间零星出现病斑时，开始喷施58%瑞毒霉锰锌可湿性粉剂400~500倍液或69%安克锰锌可湿性粉剂800倍液或40%疫霉灵可湿性粉剂250倍液或64%杀毒矾可湿性粉剂400~500倍液或72%克露可湿性粉剂750倍液。7月份再喷施1次，可基本控制为害。也可用50%甲霜铜可湿性粉剂600倍液或60%琥·乙膦铝可湿性粉剂400倍液灌根，每株灌药液300g。

（七）煤污病类

1. 花木煤污病

（1）分布与为害。是一种重要病害，寄主范围广，常见花木有山茶、米兰、扶桑、夜来香、牡丹、蔷薇、金橘、五色梅、紫薇、苏铁、夹竹桃、橡皮树等。主要为害是抑制植物光合作用，消弱植物生长势，影响开花和观赏。

（2）症状。煤污病又称煤烟病，为害叶片、嫩枝、花器等部位。初期，在叶面、枝梢上形成黑色小霉斑，后扩大连片，整个叶面、嫩梢上布满黑色霉层，严重时霉层薄片状裂开、翘起和剥落。造成植株生长不良，花形变小，花量减少，影响美观（图7-14）。

（3）发病规律。病菌在病部及病落叶上越冬，翌年孢子由风雨、昆虫等传播。寄生到蚜虫、介壳虫等昆虫的分泌物及排泄物上或植物自身分泌物上或寄生在寄主上发育。高温多湿，通风不良，蚜虫、介壳虫等分泌蜜露害虫发生多，均加重发病。露地栽培的花木，发病盛期为春秋季节；温室栽培的花木可周年发生。

图 7－14　紫薇煤污病

2. 煤污病类防治方法

（1）栽培防病。合理密植，适当修剪，利于通风透光，降低湿度。

（2）治虫防病。及时防治蚜虫、介壳虫、白粉虱、木虱等害虫，用 50% 抗蚜威可湿性粉剂 4 000 倍液或选其他高效、低毒药剂，减少其排泄物或蜜露。

（3）植物休眠季节喷洒 3～5 波美度的石硫合剂，杀死越冬的菌源；对寄主植物进行适度修剪，温室要通风透光良好，以便降低湿度，减轻病害发生。

（八）病毒病类

病毒病害由病毒引起，能为害多种花卉，如水仙、兰花、香石竹、百合、大丽花、郁金香、牡丹、芍药、菊花、唐菖蒲、非洲菊等。在园林植物上发生严重的有郁金香碎色病、香石竹病毒病、菊花矮化病、唐菖蒲花叶病、仙客来病毒病、三色堇花叶病等。其主要通过刺吸式口器昆虫和嫁接、机械损伤、田间作业等途径传播。

1. 美人蕉花叶病

（1）分布与为害。美人蕉花叶病分布十分广泛。上海、北京、杭州、成都、武汉、哈尔滨、沈阳、福州、珠海、厦门等地区均有发生。它是美人蕉主要病害，引起植株矮化，花少、花小；叶片着色不匀，撕裂破碎，丧失观赏性。

（2）症状。主要侵染美人蕉叶片及花器。发病初期，叶片上出现褪绿色小斑点，或呈花叶状，或有黄绿色和深绿色相间的条纹，条纹逐渐变为褐色坏死，叶片沿着坏死部位撕裂，叶片破碎不堪。某些品种上出现花瓣杂色斑点和条纹，呈碎锦。严重时心叶畸形、内卷呈喇叭筒状，花穗抽不出或很短小，其上花少、花小；植株显著矮化。

（3）发病规律。该病毒可以由汁液传播，也可以由蚜虫传播，由病块茎做远距离传播。黄瓜花叶病毒寄主能侵染40~50种花卉（如唐菖蒲花叶病）。不同品种对花叶病的抗性差异显著。大花美人蕉、粉叶美人蕉、普通美人蕉均为感病品种；红花美人蕉抗病，其中的“大总统”品种对花叶病免疫。蚜虫虫口密度大，寄主植物种植密度大，枝叶相互摩擦发病均重。美人蕉与百合等毒源植物为邻，杂草、野生寄主多，均加重病害的发生。挖掘块茎的工具不消毒，也容易造成有病块茎对健康块茎的感染。

2. 郁金香碎色病

（1）分布与为害。郁金香碎色病又叫郁金香白条病，是世界性病害，各郁金香产区都有发生。除为害郁金香外，还为害多种百合、水仙、风信子等花卉。引起花、叶畸形，是造成郁金香种球退化的重要原因之一。

（2）症状。受害后，花瓣颜色产生深浅不同的变化，这种变化使花瓣表现为镶色，又称“碎色”。叶片也可受害，受害叶出现浅绿色或灰白色条斑，有时形成花叶；在红色或紫色品种上产生碎色花，花瓣上形成大小不等淡色斑点或条斑，这往往增加了观赏价值；历史上曾经误将病株作为新的良种栽培，导致该病广泛传播。在淡色或白色花的品种上，花瓣碎色症状不明显，根部发生时鳞茎变小，花期推迟，严重影响生长和观赏价值。为害麝香百合时产生花叶或无症状（如图 7－15）。

图 7－15　郁金香碎色病病花

（3）发病规律。病毒由汁液或蚜虫传播。病毒能在病鳞茎内越冬，成为来年侵染源；可以为害多种郁金香及很多百合。在自然栽培的情况下，重瓣郁金香往往比单瓣郁金香更容易感病。

3. 一串红病毒病

又称花叶病，是一串红常见病害，该病引起一串红严重退化，导致植株矮、花少、花小，降低商品价值和观赏性。

（1）症状。感病后叶片表现为深浅绿相间的花叶、黄绿相间花叶，严重时叶片表面凹凸不平，叶片变小，甚至蕨叶状，花

图 7－16　串红病毒病叶

朵减少，花小，植株矮化（如图 7－16）。

（2）发病规律。病毒在病株内越冬，病毒由蚜虫、叶蝉等昆虫和汁液传播。蚜虫与病害发生有很大关系。秋播在 4～5 月发病，春播在 8~9 月发病，春播比秋播发病重。种子可能带毒。

4. 病毒病防治方法

（1）栽培防病。选择和保存无病毒植株作繁殖材料。在防虫室或隔离温室里播种无毒种球或块茎来繁殖时可采用严格卫生措施，尽可能减少病毒的再次感染。繁殖无病毒的繁殖材料，采用茎尖培养脱毒和组织培养繁殖无毒苗。挖收时，将带病的鳞茎、块茎、叶片等集中焚毁，并对附近土壤打扫干净，彻底消毒。

（2）铲除杂草，减少侵染源。消灭传病介体，如昆虫、线虫和真菌等。在田间作业时，注意人手和工具的消毒，以减少汁液接触传染；并注意与百合科植物隔离栽培，以免互相传染。田间种植期间，及时除去重病株和瘦弱退化株并烧毁。

（3）防治传毒蚜虫。可用防虫网隔离，或用定期喷洒 10% 吡虫啉可湿性粉剂 2 000 倍液、3% 啶虫脒乳油 2 000 ~ 2 500 倍液，以减少蚜虫传毒机会。每半个月用 20% 病毒 A 可湿性粉剂

500 倍液、5% 菌毒清水剂 30 倍液、1.5% 植病灵水剂 800 倍液喷洒。

（4）鳞茎、块茎防治蚜虫。在鳞茎、块茎贮藏前用 80% 敌敌畏乳油 80 倍液喷洒贮藏地点和器具等，或用 2.5% 溴氰菊酯乳油 2 000倍液喷洒，杀死存在的蚜虫，以防传毒。

二、园林植物主要枝干病害及防治

（一）茎干腐烂溃疡类

1. 仙人掌类茎腐病

（1）分布与为害。仙人掌栽培地区都有发生，是一种常见病害，为害仙人掌、仙人球、霸王鞭、麒麟掌和量天尺等多种观赏植物，引起茎部腐烂，严重时导致全株死亡。

（2）症状。发生在近地面的茎部和植株上部茎节处。初期产生水渍状暗灰色或黄褐色病斑，并逐渐软腐，后期病部出现灰白色或深红色霉状物或黑色粒状物，最后全株腐烂、失水干缩或仅留髓部（如图 7－17）。

（3）病原。半知菌亚门尖镰孢菌、茎点霉菌。

（4）发病规律。病菌以菌丝体和厚垣孢子在病茎残体或土壤中越冬。借风雨及灌溉水传播，通过伤口侵入，生长适温25~30℃。高温高湿发病重。

（5）防治方法。

①茎球处理。种植前对茎用 50% 三唑酮可湿性粉剂 500 倍液浸泡 30 分钟。栽培期定期检查，发现病株及时拔除并销毁。

②土壤处理。病土不宜连作，种前对土壤进行消毒，合理施肥。

③定期喷药。为 50% 多菌灵 500 倍液、0.5% 波尔多液、70% 甲基硫菌灵 800 倍液喷雾。

图 7－17　仙人掌茎腐病症状

2. 四季海棠茎腐病

（1）分布与为害。是家庭盆栽常见病害，重者整棵倒伏死亡。

（2）症状。主要为害茎部，也可侵染叶片。发病初期，感病植株近地面茎基部产生暗色水渍状斑点，随后逐渐扩大形成不规则大斑，后期病部呈棕褐色软腐，并皱缩下陷，病部绕茎一周，植株倒伏。叶片受害产生暗绿色水渍状圆斑，叶柄呈褐色腐烂。潮湿时病斑处可见白色丝状物。干枯后上升黑褐色粒状物，即为病菌的菌核。

（3）病原及发病规律。半知菌亚门茄丝核菌，可引起多种立枯病。病菌一菌丝体及菌核在病残体或土中越冬，环境适宜菌核萌发形成菌丝体侵染寄主为害。阴雨天，浇水过多、盆土积水，植株有伤口病害发生重。

（4）防治方法。

①减少初侵染源，发现病株及时销毁。

②加强管理。选择疏松、排水良好地种植，施腐熟有机肥，加强株间通风透光。

③药剂防治。发病时盆施65%敌克松600~800倍液或高锰酸钾1 000 ~ 1 500倍液。

（二）软腐病类

图7－18　仙客来软腐病

1. 仙客来细菌性软腐病

是由细菌引起的细菌病害。细菌比真菌个体更小，只有在显微镜下能观察到。借助雨水、流水、昆虫、土壤、花卉的种苗和病株残体等传播。主要从植株体表和各种伤口侵入花卉体内，引起为害。表现为斑点、溃疡、萎蔫、畸形等症状（如图7－18）。

（1）分布与为害。软腐病是仙客来的主要病害，也是毁灭性病害，仙客来栽培地均有发生。受害后影响植株生长和开花。

植株各个部位都可以受害。

（2）症状。叶片发生不均匀黄化，接着整个植株瘫倒，多数叶柄呈水肿状，其中有部分水肿叶柄变黑，叶片反面基部有油污状的水浸斑沿着叶脉发生；提起植株，容易茎叶分离，球茎呈现软腐状，乳白色，有恶臭；入冬以后，有些球茎有裂纹，在裂纹上可以观察到乳白色的菌脓流出。

（3）发病规律。病菌随病残体在土壤中越冬，翌年，借雨水、灌溉水和昆虫传播，由伤口侵入。病菌入侵后引起腐烂。阴雨天或浇水未干时整理叶片或虫害多发时发病严重。

2. 软腐病类防治方法

（1）加强栽培管理。浇水要适量，增施钾肥，施用充分腐熟的肥料，高温多湿时要注意通风降温，及时防治介壳虫等害虫，防止造成伤口；及时拔除病株。

（2）土壤消毒。首先对栽花用的盆土消毒灭菌，可用高压锅直接灭菌，也可在30℃以上的晴天露天暴晒1~2周，利用阳光紫外线杀灭细菌。土壤和种球的消毒可用1 ： 80倍福尔马林液。同时注意手和器具的消毒，避免交叉传染。

（3）发病初期可用400~600倍链霉素或土霉素喷雾或灌根。

（4）发病较严重、根基部有部分腐烂时，可剥去病部，将剩余根茎浸泡在上述药液内3小时，再栽种于素沙土内，长根发芽后，重新在换过的消毒培养土内栽植。

三、园林植物主要根部病害及防治

（一）幼苗猝倒病和立枯病

1. 分布与为害

幼苗猝倒和立枯病是世界性病害，也是花卉植物最常见的病害之一。各种草本花卉和园林树木苗期均可发病，严重时发病可达50%~90%。经常造成花卉植物苗木的大量死亡。

2. 症状

幼苗猝倒和立枯病不同时期发病表现不同的症状类型，主要有3种情况：苗木种子播种后，种子或种芽在土中腐烂，不能出苗；幼苗出土后，幼苗木质化之前，幼苗茎基部出现水浸状病斑，病部褐色腐烂、缢缩，倒伏死亡，这种症状类型叫猝倒型；幼苗苗茎木质化后，根部或根茎部被病菌侵染后腐烂，幼苗逐渐枯死，但幼苗不倒伏，直立枯死。这种症状类型叫立枯型。猝倒病是由腐霉菌真菌侵染引起，立枯病是由立枯丝核菌引起的。

3. 发病规律

两种病菌都可在土壤中营腐生生活，可长期在土壤中生存。各种病菌在土壤中越冬，土壤带菌是最重要的病菌来源。病菌可通过雨水、灌溉水和粪土进行传播。育苗床常年连作，出苗后连续阴雨天气，光照不足，种子质量差，播种过晚，施用未充分腐熟的有机肥，都会加重幼苗猝倒和立枯病的发生。

4. 防治方法

（1）苗床药剂处理。做好土壤消毒。土壤消毒可用1%福尔马林处理土壤或将培养土放锅内蒸1小时；用70%五氯硝基苯处理土壤，用五氯硝基苯5~8g/m^2，拌30倍细土施入土中。

（2）选用无病种苗或栽植前用70%硫菌灵500倍液浸泡10分钟；实行轮作，避免重茬；浇水要合理，雨后要及时排水。

（3）喷药防治发病初期用50%代森铵300~400倍液浇灌根际，用药液2~4kg/m^2。

（二）根癌病类

月季根癌病

（1）分布与为害。月季根癌病分布在世界各地。除为害月季外，还为害菊、大理菊、樱花、夹竹桃、银杏、金钟柏等。

（2）症状。主要发生在根颈处，也可发生在主根、侧根以及地上部的主干和侧枝上。

图 7－19　月季根癌病初期症状

发病初期病部膨大呈球形或半球形的瘤状物。幼瘤为白色，质地柔软，表面光滑。以后瘤逐渐增大，质地变硬，褐色或黑褐色，表面粗糙、龟裂。由于根系受到破坏，发病轻的造成植株生长缓慢、叶色不正，重则引起全株死亡（如图 7－19）。

（3）发病规律。病原细菌可在病瘤内或土壤中病株残体上生活 1 年以上，若 2 年得不到侵染机会，细菌就会失去致病力和生活力。主要靠灌溉水和雨水、采条、耕作农具、地下害虫等传播。远距离传播靠病苗和种条的运输。病原细菌从伤口入侵，经数周或 1 年以上就可出现症状。偏碱性、湿度大的沙壤土发病率较高。连作有利于病害的发生，苗木根部伤口多发病重。

（4）根癌病类防治方法。

①栽种前用 1% 硫酸铜液浸 5~10 分钟，洗净后栽植。或用抗根癌剂（K84）生物农药 30 倍液浸根 5 分钟后定植或于 4 月

中旬切瘤灌根。

②床土、种子消毒。每平方米用70%五氯硝基苯粉8g混入细土15~20kg均匀撒在床土中，然后播种。病株周围的土壤可按每平方米50~100g的用量，撒入硫黄粉消毒。

③细心栽培，避免各种伤口。注意防治地下害虫，防治造成伤口。

④药剂防治。轻病株可用300~400倍的抗菌剂“402”浇灌，也可切除瘤体后用500 ~ 2 000mg/kg链霉素或500 ~ 1 000 mg/kg土霉素或5%硫酸亚铁涂抹伤口。重病株要拔除，在株间向土面每亩撒生石灰100kg，并翻入表土，或者浇灌15%石灰水，发现病株集中销毁。还可用刀锯切除癌瘤，后用尿素涂入切除肿瘤部位。

（三）线虫病类

根结线虫病是园艺植物上的一种分布广泛的线虫病害，影响植株生长发育，降低品质，还加剧土传病害发生，严重时可导致植株死亡，很难根治，为害花卉种类有：仙客来、凤仙花、牡丹、月季等。

仙客来根结线虫病

（1）分布与为害。此病在我国发生普遍，发病植株生长受阻，严重时全株枯死。寄主范围很广，除仙客来外，还可为害桂花、海棠、仙人掌、菊、大立菊、石竹、大戟、倒挂金钟、栀子、鸢尾、香豌豆、天竺葵、矮牵牛、蔷薇、凤尾兰、旱金边、百日草、紫菀、凤仙花、马蹄莲、金盏花等。

（2）症状。主要侵害仙客来球茎及根系的侧根和支根，在球茎上形成大的瘤状物，直径可达1~2cm。侧根和支根上的瘤较小，一般单生。根瘤初为淡黄色，表皮光滑，以后变为褐色，表皮粗糙。切开根瘤，有发亮的白色点粒，此为梨形的雌虫体。严重者根结呈串珠状，须根减少，地上部分植株矮小，生长势衰弱，叶色发黄，树枝枯死，以致整株死亡。症状易与生理病害相混淆（图 7－20）。

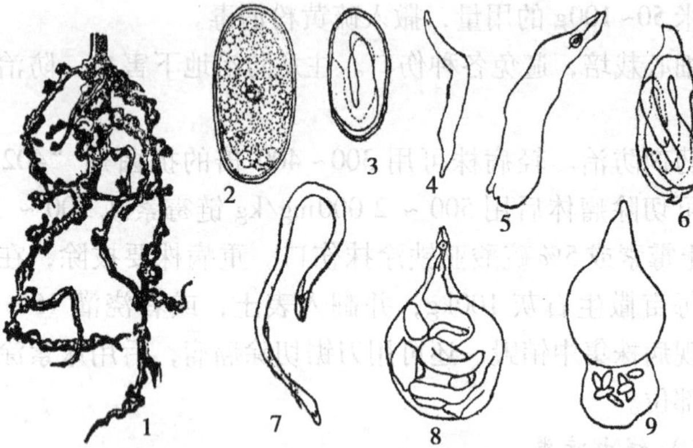

图 7－20　仙客来根结线虫病

1. 幼苗根部被害状　2. 卵　3. 卵内孕育的幼虫　4. 性分化前的幼虫　5. 成熟的雌虫　6. 在幼虫包皮内成熟的雄虫　7. 雄虫　8. 含有卵的雌虫　9. 产卵的雌虫

（3）发病规律。一年发生多代，以卵、幼虫和成虫在病土和病残体中越冬，是最主要的侵染来源。病土内越冬的二龄幼虫可直接侵入寄主的幼根，刺激寄主中柱组织，引起巨型细胞的形成，并在其上取食，受害的根肿大而成虫瘿（根结）。也可以卵越冬，翌年卵孵化为幼虫，入侵寄主。幼虫经 4 个龄期发育为成虫，随即交配产卵，孵化后的幼虫又再侵染。在适宜条件下（适温 20~25℃）线虫完成 1 代仅需 17 天左右，长者 1~2 个月，1 年可发生 3~5 代。温度较高、多湿、通气好的沙壤土发病较重。线虫可通过水流、病肥、病种苗及农事作业等方式传播。线虫随病残体在土中可存活 2 年。

（4）防治方法。防治根结线虫病，首先要加强检疫，保护无病区。措施上以栽培防治为基础，选用抗病品种为重点，协调运用化学防治与生物防治，有效控制根结线虫为害。

①加强植物检疫以免疫区扩大，严禁携带有线虫花苗调运，发现及时烧毁或深埋。

②加强栽培管理，建立无病苗圃，及时清除烧毁病株，以减少线虫随病残体进入土壤；合理施肥浇水，实行轮作至少3年和翻晒土壤；多施有机肥，增强生长势，提高抗病力。

③伏天翻晒几次土壤，可消灭大量病原线虫；清除病株、病残体及野生寄主；土壤处理用1.8%阿维菌素2 000倍液灌施；二溴氯丙烷20%颗粒剂15~20g/m^2沟施。染病球茎用50℃温水中浸泡10分钟或55℃浸泡5分钟可杀死线虫。

④种植期或生长期对病株可将10%力满库（克线磷）施于根际附近，4.5~7.5g/m^2，可沟施、穴施或撒施，也可把药剂直接施入浇水中。

思考题

1. 花卉植物叶部病害防治应注意哪些问题？举例说明操作过程。

2. 试述白粉类病害的病状特征以及应如何防治？

3. 应如何防治海棠—桧柏锈病？

4. 简述灰霉病症状特点，应如何防治？

5. 分析幼苗猝倒病和立枯病发生原因是什么？如何防治？

6. 叶斑病和炭疽病的症状有何不同，防治上应注意哪些问题？

7. 花卉植物上有哪些软腐病为害较重？

8. 病毒病害有哪些切实可行的防治措施？

9. 结合当地线虫发生情况，试述线虫的为害性及防治方法。

第二节　虫害防治技术

花卉植物的害虫种类繁多，大体可分为食叶害虫、刺吸害虫及螨类、枝干害虫和地下害虫等。本节介绍害虫的形态识别及防治。

一、食叶害虫及防治

花卉植物主要食叶害虫主要有鳞翅目刺蛾类、毒蛾类、舟蛾类、尺蠖类、夜蛾类、枯叶蛾类、螟蛾类、灯蛾类及蝶类等幼虫，鞘翅目的叶甲、金龟子、金花虫；膜翅目的叶蜂和直翅目的蝗虫等。这类害虫以咀嚼式口器取食，有的能把叶片食成缺刻，咬食花蕾使之残缺不全，或啃食叶肉仅留叶脉，甚至把叶全部吃光，有的卷叶为害等。

它们为害的特点如下。

（1）为害健康植株，猖獗时能把叶片吃光，消弱树势，为天牛、小蠹虫等着蛀干害虫侵入提供适宜条件。

（2）大多数食叶害虫营裸露生活，受环境因子影响大，虫口密度变化大。

（3）多数种类防治能力强，产卵集中，易暴发成灾，能主动迁移扩散，扩大为害范围。

（一）刺蛾类——黄刺蛾

1. 分布与为害

又名洋辣子，属鳞翅目刺蛾科。全国分布，为杂食性食叶害虫，主要为害梅花、杨柳、槐、银杏、月季、海棠、紫薇等多种植物。严重为害时，常把叶子吃光，影响花卉植物生长。

2. 形态与生活习性

形态如图 7－21 所示。成虫前翅黄色，有倒“V”字形褐色线，另有2个褐点。幼虫短粗，黄绿色，背面有紫褐色哑铃状斑，刺枝较大。1年2代，以老熟幼虫在枝杈等处结茧越冬，第二年5~6月份化蛹，6月出现成虫，成虫有趋光性。卵多产于叶背。初孵幼虫群集在叶背取食叶肉，4龄后分散取食全叶。老熟幼虫吐丝和分泌黏液作茧化蛹（如图7－21）。

3. 防治方法

（1）消灭越冬虫幼虫，结合冬季修剪，修剪或刷除枝干上的黄刺蛾茧，并集中烧毁。

（2）利用3龄幼虫以前群集为害的习性人工摘除虫叶。捕杀时注意幼虫毒毛。

（3）用黑光灯诱杀成虫。

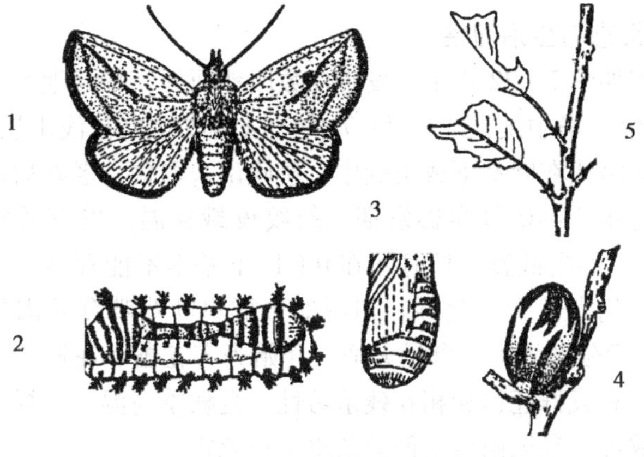

图7－21　黄刺蛾

1. 成虫　2. 幼虫　3. 蛹　4. 茧　5. 被害状

（4）保护和利用天敌：幼虫期用BT粉剂1 500 ~ 2 000倍喷雾，保护螳螂、赤眼蜂、刺蛾广肩小蜂、刺蛾紫姬蜂上海青峰等天敌。

(5) 药剂防治：例如敌百虫、杀螟松、敌敌畏、马拉硫磷、辛硫磷、溴氰菊酯、抑太保乳油、苦参碱乳油、灭多威等。

(6) 生物防治：选用苏云金杆菌制剂、青虫菌可湿性粉剂等。

(二) 夜蛾类—斜纹夜蛾

1. 分布与为害

夜蛾类属鳞翅目夜蛾科，东北、华北、华中、华西、西南等地均有分布。尤以长江流域和黄河流域各省为害严重。食性杂，寄主植物达290余种。既为害荷花、睡莲等水生花卉植物，也为害菊花、康乃馨、牡丹、月季、木芙蓉、扶桑、绣球等观赏植物。以幼虫取食叶片、花蕾及花瓣。发生时能将叶片吃光，使花朵凋谢。

2. 形态与生活习性

形态如图7－22所示。发生代数因地而异，华北地区1年发生3~5代，华中地区1年5~7代。以蛹或幼虫在浅土层越冬，幼虫白天潜伏在叶丛下或土缝中，傍晚出来取食，老熟后即入土化蛹。每年7~10月为盛发期。斜纹夜蛾喜温，发育适宜温度28~30℃，不耐低温，长时间在0℃以下基本不能存活。飞翔能力强，有趋光性和趋化性。初孵幼虫群集叶背啃食叶肉呈筛网状，3龄后分散为害，食量大增，开始为害花蕾、花瓣。幼虫有假死性，有成群迁移和相互残杀习性。夏秋季高温、干燥、少雨易暴发成灾，暴风雨可使低龄幼虫大量死亡。

3. 夜蛾类防治措施

(1) 人工防治清除园内杂草或于清晨在草丛中捕杀幼虫。人工摘除卵块、初孵幼虫或蛹。

(2) 灯光诱杀成虫或利用趋化性用糖醋液诱杀，糖：酒：水：醋为3：1：4：4，并加入少量敌百虫。

(3) 幼虫期喷BT乳剂500~800倍液或2.5%溴氰菊酯乳油，

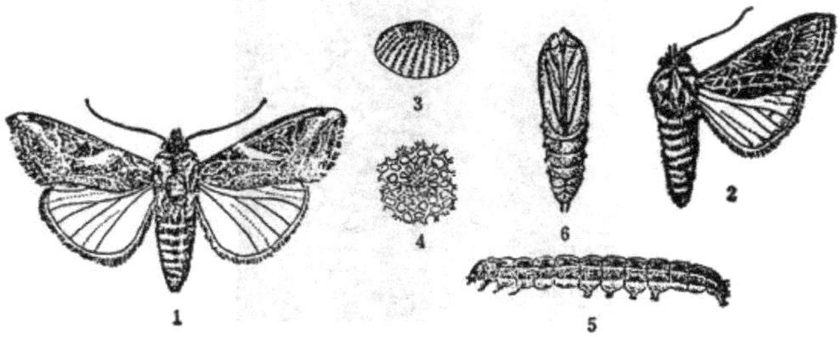

图7－22　斜纹夜蛾

1. 雌成虫　2. 雄成虫　3. 卵　4. 卵壳表面花纹　5. 幼虫　6. 蛹

或10%氯氰菊酯乳油，或2.5%功夫乳油2 000～3 000倍液，或5%定虫隆乳油1 000～2 000倍液，或20%灭幼脲3号胶悬剂1 000倍液等。

（三）枯叶蛾类——黄褐天幕毛虫

1. 分布与为害

又名天幕毛虫、顶针虫。属鳞翅目枯叶蛾科，分布广泛，在我国华北地区多有发生。主要为害碧桃、海棠、榆叶梅、黄刺玫、樱花、小叶黄杨等。食性杂，以幼虫食叶，严重时能将大面积阔叶林全部吃光。

2. 形态与生活习性

形态如图7－23所示。1年1代，以卵在小枝条上越冬。翌春孵化，初孵幼虫吐丝作巢，群居生活。稍大以后，于枝杈间结成大的丝网群居。白天潜伏，晚上外出取食。老龄幼虫分散取食。6月末7月初幼虫老熟并在叶间作茧化蛹。7月中、下旬羽化成虫。卵产于细枝上，呈“顶针状”。成虫有趋光性。

3. 枯叶蛾类防治措施

（1）消灭越冬虫体，可结合修剪、肥水管理等消灭越冬虫源。

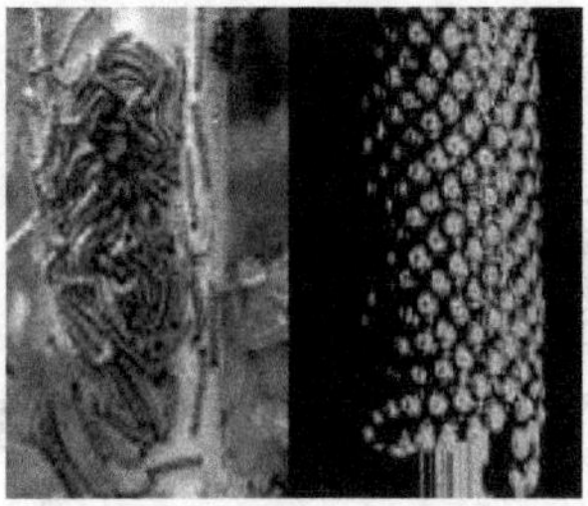

图 7-23 黄褐天幕毛虫

左侧为幼虫，右侧为虫卵

（2）物理机械防治。人工摘除卵块或孵化后群集的初龄幼虫及蛹茧；灯光诱杀成虫；于幼虫越冬前在干基绑草绳诱杀。

（3）化学防治。发生严重时，可喷洒 2.5% 溴氰菊酯乳油 3 000 ~ 5 000倍液、25% 灭幼脲 3 号稀释 1 000倍液喷雾防治。

（4）生物防治。利用松毛虫卵寄生蜂。幼虫期用白僵菌、青虫菌、松毛虫杆菌等微生物制剂使幼虫致病死亡。

（四）灯蛾科——美国白蛾

美国白蛾是一种外来入侵有害生物，属鳞翅目、灯蛾科，别名秋幕毛虫、美国白灯蛾、对林业、农作物为害十分严重，是国家严密监控的重点检疫对象。近年来山东、河南濮阳等相继发生美国白蛾疫情。现将美国白蛾的识别与防治简要介绍如下。

1. 分布与为害

为世界性的检疫对象。食性极杂，可为害 100 多种植物，如连翘、丁香、爬山虎、美国地锦等。为害特点：以幼虫为害植物的叶片，1~2 龄幼虫群居在吐丝结成的网中，3 龄幼虫将叶片咬透呈小孔洞，4 龄开始分散取食，同时不断吐丝将被害叶结成网，网面逐渐增大。常见的虫网长 1m 左右，最大达 3m 以上。5 龄后幼虫爬出网单独活动、取食直到全树叶片被吃光。同时幼虫向附近的大田作物、蔬菜、花卉和杂草等植物上转移为害。

2. 生活习性

在河北唐山等北方地区1年发生2代，以蛹结茧在老皮树下、表土层及枯枝落叶中越冬。两代幼虫为害期分别发生在5月下旬至7月下旬和8月上旬至11月中旬。初孵幼虫吐白丝结网，群居为害，每株树上多达几百只乃至上千只幼虫，常把树木叶片蚕食一光。

3. 防治措施

（1）加强检疫。疫区苗木未经过处理严禁外运，疫区内积极防治，并加强对外检疫。

（2）摘除卵块和群集为害的有虫叶。

（3）冬季换茬耕翻土壤，消灭越冬蛹，或在老熟幼虫转移时，在树干周围束草，诱集化蛹，然后解下诱草烧毁。

（4）成虫羽化盛期利用黑光灯诱杀成虫。

（5）保护和利用寄生性、捕食性天敌，用苏云金杆菌和核型多角体病毒制剂喷雾防治。

（6）化学防治。喷施50%辛硫磷乳油1 000倍液，或95%巴丹可溶性粉剂1 500～2 000倍液，或20%速灭菊酯乳油3 000倍液。

二、吸汁害虫及防治

园林植物吸汁害虫种类很多，包括同翅目蚜虫、介壳虫、叶蝉、蜡蝉、木虱、粉虱，半翅目的蝽象，缨翅目蓟马，螨类等。

其为害特点：以刺吸式口器吸取幼嫩组织的养分，导致枝叶枯萎；发生代数多，高峰期明显；个体小，繁殖力强，发生初期为害状不明显，易被忽视；扩散蔓延迅速，借助苗木远距离传播；多数种类为媒介昆虫，可传播病毒病和支原体病害。

(一) 蚜虫类—桃芽

1. 分布与为害

又名桃赤蚜、烟蚜。分布极广，遍及全世界。为害海棠、郁金香、叶牡丹、百日草、金鱼草、金盏花、樱花、蜀葵、夹竹桃、香石竹、大丽花、菊花、仙客来、一品红、白兰、瓜叶菊等300余种花木。以成蚜、若蚜群集为害新梢、嫩芽和新叶，受害叶向背面作不规则卷曲。能传播病毒，分泌物诱发煤烟病。

2. 生活习性

1年发生10~30代，以卵在枝梢、芽腋等裂缝和小枝等处越冬。翌年3月开始孵化为害，随气温增高繁殖加快，4~6月份虫口密度急剧增大，7~8月高温天气对其不适宜，9~10月份发生量又增多。

3. 蚜虫类防治措施

(1) 注意检查虫情，抓紧早期防治。盆栽花卉上零星发生时，可用毛笔蘸水刷掉，刷时要小心轻刷、刷净，避免损伤嫩梢、嫩叶，刷下的蚜虫要及时处理干净，以防蔓延；也可用工具挤压，然后再用水冲洗干净。

(2) 烟草末40g加水1kg，浸泡48小时后过滤制得原液，使用时加水1kg稀释，另加洗衣粉2~3g，搅匀后喷洒植株，有很好的效果。

(3) 药剂防治。发生严重地区，木本花卉发芽前，喷施5波美度的石硫合剂，以消灭越冬卵和初孵若虫。虫口密度大时，可喷施10%吡虫啉可湿性粉剂2 000倍液或3%啶虫脒乳油2 000~2 500倍液或40%硫酸烟精800~1 200倍液或鱼藤精1 000~2 000倍液或50%辟蚜雾乳油3 000倍液。

(4) 物理防治。利用黄板涂上10号机油，诱杀有翅蚜虫；或采用银色锡纸反光，驱避迁飞的蚜虫（图7–24）。

图 7－24　黄斑诱芽

（二）粉虱类——温室白粉虱

1. 分布与为害

又名白粉虱。属同翅目、粉虱科，分布很广，为世界性检疫对象。为害倒挂金钟、茉莉、兰花、凤仙花、一串红、月季、牡丹、菊花、万寿菊、五色梅、扶桑、绣球、旱金莲、一品红、大丽花等多种花卉。主要以成虫和幼虫群集在寄主植物叶背，刺吸汁液为害，使叶片卷曲、褪绿发黄，甚至干枯。此外，成虫和幼虫还分泌蜜露，诱发煤污病。

2. 生活习性

1 年发生 10 余代，在温室内可终年繁殖。繁殖能力强，世代重叠现象明显，以各种虫态在温室植物上越冬。成虫喜欢选择上部嫩叶栖息、活动、取食和产卵。卵期 6~8 天，幼虫期 8~9 天。成虫一般不大活动，常在叶背群聚，对黄色和嫩绿色有趋性。能有性生殖，也能孤雌生殖。幼虫孵化后即固定在叶背刺吸汁液，造成叶片变黄、萎蔫甚至导致死亡。此外，此虫可分泌大量蜜露，造成煤污，严重影响叶片的光合作用。

3. 粉虱类的防治措施

（1）加强植物检疫工作，避免将虫带入塑料大棚和温室。早春应做好虫情预测预报，及时防治。

（2）加强养护。清除大棚和温室周围杂草，以减少虫源。荫蔽、通风透光不良都有利于粉虱的发生，适当修枝，勤除杂草，以减轻为害。

（3）物理防治。白粉虱成虫对黄色有强烈趋性，可用黄色诱虫板诱杀。

（4）药剂防治。3~8 月严重为害期，可采用 80% 敌敌畏熏蒸成虫，按 $1mL/m^3$ 原液，对水 1~2 倍，每隔 5~7 天喷 1 次，连续 3~5 次，并注意密闭门窗 8 小时。亦可喷施 10% 吡虫啉可湿性粉剂 1 500倍液，或 40% 毒死蜱乳油 2 000倍液，或 2. 5% 溴氰菊酯乳油，或 25% 扑虱灵可湿性粉剂 2 000倍液，喷时注意药液均匀，叶背处更应周到。一般每周喷 1 次，连续 3~4 次即可。

（三）介壳虫类—日本龟蜡蚧

1. 分布与为害

又名日本蜡蚧、枣龟蜡蚧。分布于全国各地，食性杂，为害山茶、夹竹桃、栀子花、桂花、石榴、月季、蔷薇、牡丹、芍药等植物。若虫和雌成虫在枝梢和叶背中脉处，吸食汁液为害，严重时枝叶干枯，花木生长衰弱。伤口极易感染病害，并能诱发煤烟病。

2. 形态与生活习性

形态如图 7 –25 所示。1 年 1 代，以受精雌成虫在枝条上越冬。次年 5 月雌成虫开始产卵，5 月中、下旬至 6 月为产卵盛期。6~7 月若虫大量孵化。初孵若虫爬行很快，找到合适寄主即固定于叶片上为害，以正面靠近叶脉处为多。雌若虫 8 月陆续由叶片

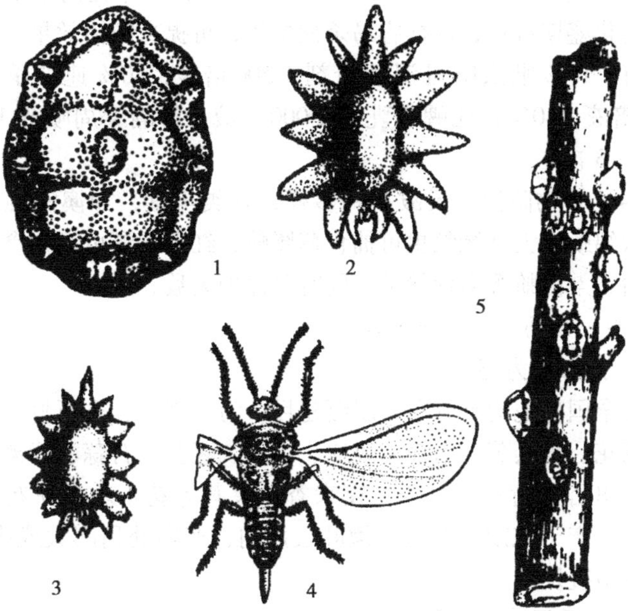

图 7－25　日本龟蜡蚧

1. 雌成虫蜡壳　2. 雄成虫蜡壳　3. 若虫蜡壳　4. 雄成虫　5. 被害状

转至枝干，雄若虫仍留叶片上，9 月下旬大量羽化。雄成虫羽化当天即行交尾。受精雌成虫即于枝干上越冬。该虫繁殖快、产卵量大、产卵期较长，若虫发生期很不一致。

3. 介壳虫类防治措施

（1）加强植物检疫，禁止有虫苗木输入或输出。

（2）园艺防治。通过园林技术措施改变和创造不利于介壳虫发生的环境条件，实行轮作，合理施肥、合理密植、合理疏枝，改善通风、透光条件；结合修剪剪去有虫枝，集中烧毁，减少虫口密度。少量发生时，通常用人工防治，可用刷子刷去虫体，再用水冲洗干净。

(3) 药剂防治。最好掌握在虫体表面蜡质介壳尚未形成的若虫孵化盛期进行，这样容易杀死虫体，可提高防治效果。常用药剂有：10% 吡虫啉可湿性粉剂 1 500倍液，40% 速扑杀乳油 2 000倍液，40% 毒死蜱本乳油 2 000倍液，每隔 1 周喷洒 1 次，连喷 2~3 次。

(4) 生物防治。天敌多种多样，种类丰富，如澳洲瓢虫可捕食吹绵蚧，大红缘瓢虫可捕食草履蚧，红点唇瓢虫可捕食日本龟蜡蚧、桑白蚧等多种蚧类。同时要保护天敌。

(四) 蓟马类——花蓟马

1. 分布与为害

在全国各地均有分布。属缨翅目。为害剑兰、香石竹、唐菖蒲、菊花、美人蕉、木槿、玫瑰、牵牛、葱兰、石蒜、紫薇、兰花、九里香、荷花、月季、夜来香、茉莉等花木。多在花内为害。卵多产于花瓣、花丝、嫩叶表皮内，产卵处稍膨大或隆起，可对光检查发现。

2. 生活习性

在华北、西北地区每年发生 6~8 代。以成虫在枯枝落叶层、土壤表皮层中越冬。翌年 4 月中、下旬出现第 1 代。10 月下旬、11 月上旬进入越冬代。

3. 蓟马类的防治措施

(1) 清除田间及周围杂草，及时喷水、灌水、浸水。结合修剪摘除虫瘿叶、花，并立即销毁。

(2) 化学防治。在大面积发生高峰前期，喷洒 5% 啶虫脒乳油 2 500倍液、10% 吡虫啉可湿性粉剂 2 000倍液防治效果良好。也可用番桃叶、乌桕叶或蓖麻叶对水 5 倍煎煮，过滤后喷洒。

(3) 盆栽花木可用 3% 克百威颗粒剂 3~5g 或 15% 涕灭威颗粒剂 1~2 克施入盆土中。

（五）螨类—朱砂叶螨

1. 分布与为害

又名棉红蜘蛛，属于蛛形纲、蜱螨目。分布广泛，是世界性的害螨，也是许多花卉的主要害螨。为害香石竹、菊花、凤仙花、茉莉、月季、桂花、一串红、鸡冠花、蜀葵、木槿、木芙蓉、万寿菊、天竺葵、鸢尾等花木。被害叶片初呈黄白色小斑点，后逐渐扩展到全叶，造成叶片卷曲，枯黄脱落。

2. 形态与生活习性

世代数因地而异。1 年发生 12~20 代。主要以雌成螨在土块缝隙、树皮裂缝及枯叶等处越冬。越冬时一般几个或几百个群集在一起。第二年春温度回升时开始繁殖为害。7~8 月份发生重。10 月中、下旬开始越冬。高温干燥利于其发生。降雨特别是暴雨，可冲刷螨体，降低虫口数量。

3. 螨类的防治措施

（1）加强栽培管理，搞好圃地卫生，及时清除园地杂草和残枝虫叶，减少虫源；改善园地生态环境，增加植被，为天敌创造栖息生活繁殖场所。保持圃地和温室通风凉爽，避免干旱及温度过高。夏季园地要适时浇水喷雾，尽量避免干旱或高温使害螨生存繁殖。初发生为害期可喷清水冲洗。

（2）越冬期防治。越冬的虫口基数直接关系到翌年的虫口密度，必须做好防治工作，杜绝虫源。对木本植物，刮除粗皮、翘皮，结合修剪，剪除病、虫枝条，越冬量大时可喷 3~5 波美度石硫合剂杀灭在枝干上越冬的成螨。亦可树干束草，诱集越冬雌螨，来春收集烧毁。

（3）药剂防治。发现红蜘蛛在较多叶片为害时，应及早喷药。防治早期为害，是控制后期猖獗的关键。可喷施 1.8% 阿维菌素乳油 3 000 ~ 5 000倍液或 5% 尼索朗乳油或 15% 达螨灵乳油 1 500倍液或 50% 阿波罗悬浮剂 5 000倍液。喷药时，要求做到细微、均匀、周到，要喷及植株的中、下部及叶背等处，每隔 10~15 天喷 1 次，连续喷 2~3 次，有较好效果。

(4) 生物防治。叶螨天敌种类很多，注意保护瓢虫、草蛉、小花蝽、植绥螨等天敌。

(六) 蝽类害虫

常见为害花卉的蝽类害虫主要有茶翅蝽、麻皮蝽、梨网蝽、绿盲蝽。

1. 为害对象

茶翅蝽为害一串红、菊花、矮牵牛、大丽花、彩叶草等。麻皮蝽为害一串红、凤仙花、彩叶草、兰花、仙客来、瓜叶菊、八仙花、大丽花等。梨网蝽为害月季、杜鹃、樱花、西府海棠、垂丝海棠、贴梗海棠等。为害特点：成虫、若虫在叶背刺吸汁液，使被害处有许多斑斑点点褐色粪便，整个受害叶片背面呈锈黄色，正面形成苍白色斑点。受害严重时，叶片斑点成片，全叶失绿呈苍白色，提早脱落。绿盲蝽为害碧桃、寿星桃、石榴等。成虫、若虫群集为害嫩叶、叶芽、花蕾，叶片被害出现黑斑和孔洞，严重时叶片扭曲皱缩，花蕾被害处流出黑褐色汁液，影响开花和观赏。

2. 生态习性

(1) 茶翅蝽成虫体长 15mm，扁圆形，灰褐色，体背面有许多黑褐色刻点。前胸背板前缘有 4 块排列成行的黄褐色小点，小盾片基部有 5 个小黄点。卵短圆筒形，灰白色，后变黑褐色（如图 7-26）。每年发生 1~2 代。以受精雌成虫越冬，第二年 4 月下旬到 5 月上旬出蛰，一直为害至 6 月，然后产卵，发生一代若虫。8 月羽化为第一代成虫，然后再产卵，并发生第二代若虫。6 月上旬以后产的卵只能发生一代。以成虫、若虫吸食叶片、嫩芽和果实的汁液，对植物造成为害。

(2) 麻皮蝽成虫体较宽大，棕黑褐色，密布刻点和皱纹。

卵略成鼓形，顶端略瘪。若虫近圆形红褐色或黑褐色（如图 7－27）。每年发生 1 代。以成虫越冬。4 月开始出蛰，5 月中下旬盛期，6 月开始在叶背产卵，6 月中、下旬卵孵化为若虫，8 月中旬到 9 月中旬为成虫为害盛期。以成虫和若虫为害嫩枝和梢。

（3）梨网蝽成虫体长 3.5mm，扁平，暗褐色。前胸背板半透明状，具褐色细网纹，向两侧和后方延伸，呈翼片状。前翅质地与前胸背板相同。胸部腹面褐色，有白粉。

（4）绿盲蝽成虫绿色，较扁平。复眼红褐色。前翅膜淡褐色。卵黄绿色，产在花卉植物的茎梢内。若虫 5 龄，绿色。北方每年发生 3~5 代。以卵在皮层内、断枝内及土中越冬，第二年3~4 月孵化。成虫发生期不整齐，飞行力强，喜食花蜜，羽化后 6~7 天开始产卵，非越冬卵多散产在嫩叶、茎、叶柄、叶脉、幼蕾等组织内，外露黄色卵盖。卵期 7~9 天。春秋雨季为害严重。

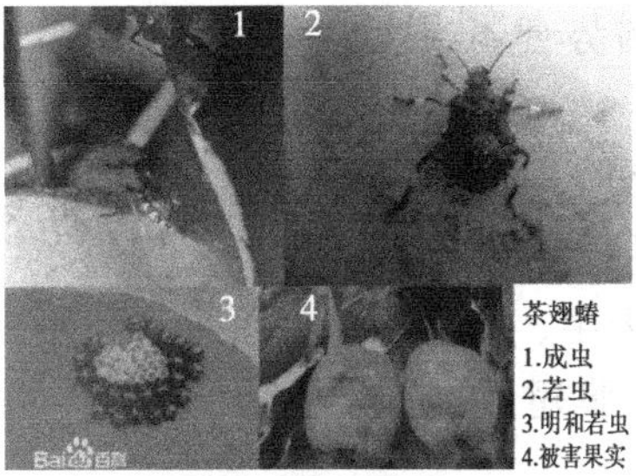

图 7－26 茶翅蝽

图 7－27 麻皮蝽成虫

3. 蝽类防治方法

（1）园林技术措施防治。翻耕绿地，清除花坛、花盆及周围落叶杂草，刮除老翘树皮减少繁殖场所，消灭越冬虫源；9 月在树干束草诱集梨网蝽成虫，清园时销毁；盆栽花卉少量发生用手直接捏杀。

（2）化学防治。可用1.8%阿维菌素乳油4 000倍液或2.5%敌杀死2 000倍液或2.5%溴氰菊酯5 000倍液或2.5%功夫乳油1 500倍液叶面喷施，间隔10~15天，连喷2~3次。

（3）保护和利用天敌。草蛉和瓢虫是梨网蝽类害虫天敌，根据天敌的活动情况和数量，错开用药时间或不用要药。

三、枝干害虫及防治

枝干害虫主要包括鞘翅目的天牛、小蠹虫、吉丁虫、象甲，鳞翅目的木蠹蛾、透翅蛾、螟蛾，膜翅目的树蜂、茎蜂等。

枝干害虫的特点：

生活隐蔽，除成虫期裸露生活外，其他虫态在木质部、韧皮部隐蔽生活，初期不易发现，一旦出现明显被害征兆，已失去防治有利时机；虫口稳定，多生活在组织内部，受环境影响小，天敌少，虫口密度相对稳定；为害严重蛀食韧皮部、木质部，影响输导系统传递养分、水分，导致树势衰弱或死亡；一旦受害后，蜘蛛很难恢复生机。

适地适树，加强管理，合理修剪，适时浇水施肥，促使植物健康生长，是预防此害虫大发生的根本途径。

枝干害虫主要包括鞘翅目的天牛、小蠹虫、吉丁虫、象甲，鳞翅目的木蠹蛾、透翅蛾、螟蛾，膜翅目的茎蜂等。

（一）天牛类—星天牛

1. 分布与为害

又名白星天牛、柑橘星天牛，属鞘翅目、天牛科，分布很广，几乎遍及全国。食性杂，为害樱花、海棠等。以成虫啃食枝干嫩皮和嫩叶，形成枯梢，以幼虫钻蛀枝干，破坏输导组织，影响正常生长及观赏价值，严重时被害树易风折枯死。

2. 形态与生活习性

形态（图7－28），南方1年发生1代，北方2~3年发生1

代，以幼虫在被害枝干内越冬，第二年3月以后开始活动。成虫5~7月羽化飞出，6月中旬为盛期，成虫咬食枝条嫩皮补充营养。产卵时先咬一“T”字形或“八”字形刻槽。卵多产于树干基部和主侧枝下部，以树干基部向上10cm以内为多。每一刻槽产1粒，产卵后分泌一种胶状物质封口，每雌虫可产卵23~32粒。卵期9~15天，初孵幼虫先取食表皮，1~2个月以后蛀入木质部，11月初开始越冬。

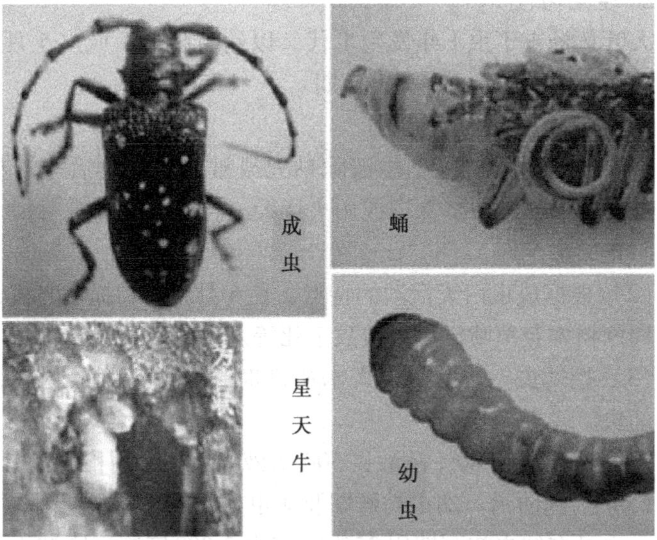

图7－28　星天牛

3. 防治措施

（1）加强检疫。天牛类害虫大部分时间生活在树干里，易被人携带传播，所以在苗木、繁殖材料等调运时，要加强检疫、检查。双条杉天牛、黄斑星天牛、锈色粒肩天牛、松褐天牛为检疫对象，应严格检疫。对其他天牛也要检查有无产卵槽、排粪孔、羽化孔、虫道和活虫，一经发现，立即处理。

（2）剪除虫枝、消灭幼虫。

（3）用80%敌敌畏500倍液注射孔内或浸药棉塞孔，再用黏泥封孔。在成虫羽化前喷2.5%溴氰菊酯触破式微胶囊。

（二）吉丁虫类——大叶黄杨吉丁虫

1. 分布与为害

大叶黄杨窄吉丁虫属鞘翅目、吉丁虫科、窄吉丁虫属。以幼虫蛀食大叶黄扬茎干，造成植株长势衰弱，直至枯死。

2. 生活习性

大叶黄杨吉丁虫1年发生1代，以幼虫越冬。成虫5月底6月初出现，7月份是幼虫为害盛期。

3. 吉丁虫类防治措施

（1）加强管理。在冬季清除枯死或被幼虫蛀食后成严重萎蔫状态的植株，水泡、深埋或用火烧毁。在3月中旬进行树干涂白，防止成虫产卵。

（2）根据成虫白天活动的特点，在6月中下旬抓住时机，对植株周围树木花草喷洒乐果或敌杀死等杀虫剂消灭成虫。

（3）挖幼虫。幼虫初进入木质部时，可用刀削去树皮，挖出小幼虫。

（4）对虫眼用80%敌敌畏500倍液注射，并用稀泥封口。

（5）药剂防治。幼虫初孵期及成虫期喷施10%吡虫啉1 000倍液，也可在幼虫初孵期用25%阿克泰3 000倍液涂刷枝干，毒杀幼虫和卵。

（三）木蠹蛾类—芳香木蠹蛾

1. 分布与为害

属鳞翅目，分布于东北、华北、西北、华东、华中、西南。寄主有丁香等。幼虫蛀入枝干和根际的木质部，蛀成不规则坑道，使树势衰弱，严重时能造成枝干、甚至整株树枯死。

2. 生活习性

辽宁、北京 2 年发生 1 代，以幼虫在枝干内越冬，第 2 年老熟后离开树干入土越冬。第 3 年 5 月间化蛹，6 月出现成虫。成虫寿命 4~10 天，有趋光性。卵产于离地 1~1.5m 的枝干裂缝，多成堆、成块或成行排列。幼虫孵化后，常群集 10 余头至数十头在树干粗枝上或根际爬行，寻找被害孔、伤口和树皮裂缝等处相继蛀入，先取食韧皮部和边材。树龄越大受害越重。

3. 木蠹蛾的防治措施

（1）加强管理，增强树势，防止机械损伤，疏除受害严重的枝干，及时剪除被害枝梢，以减少虫源；秋季人工捕捉地下越冬幼虫，刮除树皮缝处的卵块；在成虫产卵期树干涂白，阻止成虫产卵。

（2）掌握成虫羽化期，诱杀成虫。用新型高压黑光灯或性信息素诱捕器诱杀成虫，1 个诱捕器 1 夜最多的可诱到 250 多头成虫。连续诱杀成虫 3 年效果明显。

（3）幼虫初蛀入韧皮部或边材表层期间，用 40% 氧化乐果乳油柴油液（1∶9），或 50% 杀螟松乳油柴油液涂虫孔。

（4）对已蛀入枝、干深处的幼虫，可用棉球蘸 40% 氧化乐果乳油 50 倍液，或 50% 敌敌畏乳油 10 倍液注入虫孔内，并于蛀孔外涂以湿泥，可收到良好的杀虫效果。

（5）保护和利用天敌。木蠹蛾天敌有 10 余种，对此虫的为害与蔓延有一定的自然控制力。如姬蜂、寄生蝇、蜥蜴、燕、啄木鸟、白僵菌和病原线虫等。

（四）小蠹虫类——柏肤小蠹

1. 分布与为害

又名侧柏小蠹，属鞘翅目、小蠹科，分布于我国山东、江西、河北、甘肃、四川、河南、陕西、台湾等省。主要为害侧柏、桧柏等。以成虫蛀食枝梢补充营养，常将枝梢蛀空，遇风即折断，发生严重时，常见树下有成堆的被咬折断的枝梢。幼虫蛀食边材，繁殖期主要为害枝、干韧皮部，造成枯枝或树木死亡。

2. 生活习性

在山东泰安1年发生1代，以成虫在柏树枝梢越冬。翌年3~4月份陆续飞出，寻找树势弱的侧柏或桧柏，蛀圆形孔侵入皮下，雌雄虫在孔内交配，交尾后雌虫向上蛀咬单纵道母坑，并沿坑道两侧咬成卵室，在其中产卵。4月中旬初孵幼虫出现，主要在韧皮部构筑坑道为害。5月中下旬幼虫老熟化蛹。6月中、下旬为成虫羽化盛期，成虫羽化后飞至健康柏树或其他寄主上蛀咬新梢补充营养，常将枝梢蛀空，遇风即折断。成虫10月中旬开始越冬。

3. 小蠹虫的防治措施

（1）加强检疫。对于调运的苗木加强检疫，发现虫株及时处理。

（2）园林技术防治。加强抚育管理，适时、合理的修枝、间伐，改善园内卫生状况，增强树势，提高树木本身的抗虫能力；疏除被害枝干，及时运出园外，并对害虫进行剥皮处理，减少虫源。

（3）诱杀成虫。根据小蠹虫的发生特点，可在成虫羽化前或早春设置饵木，以带枝饵木引诱成虫潜入，经常检查饵木内的小蠹虫的发育情况并及时处理。

（4）化学防治。在成虫羽化盛期或越冬成虫出蛰盛期，喷施2.5%溴氰菊酯乳油或20%速灭杀丁乳油2 000~3 000倍液。

四、地下害虫及防治

地下害虫是指生活史的全部或大部分时间在土壤中生活，主要为害植物的地下部分和近地面部分的一类害虫。地下害虫种类多适应性强、分布广，常见的有蛴螬、蝼蛄、地老虎、金针虫、

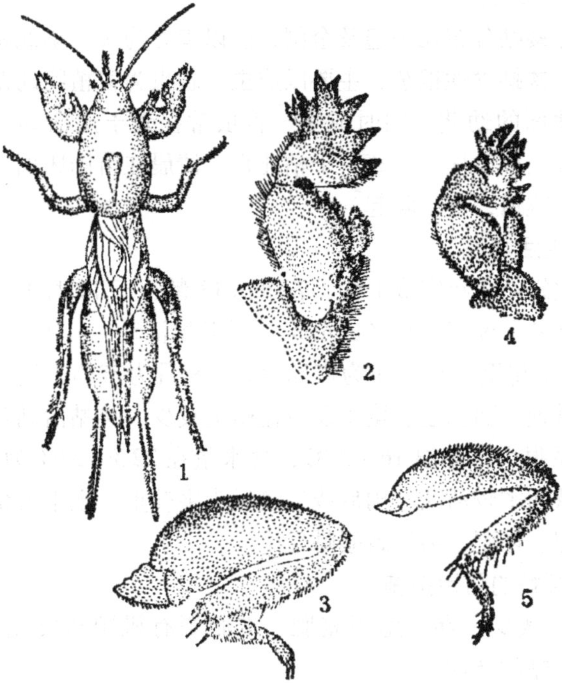

图 7－29　华北蝼蛄与东方蝼蛄特征

1. 华北蝼蛄　2、3. 华北蝼蛄前足和后足　4、5. 东方蝼蛄前足和后足

白蚁等。

地下害虫为害特点：

寄主范围广；生活周期长；与土壤关系密切；为害时间长，防治比较困难。

（一）蝼蛄类

蝼蛄属直翅目、蝼蛄科，俗称土狗、地狗、拉拉蛄等。常见的有东方蝼蛄、华北蝼蛄两种（图 7－29）。

1. 分布与为害

东方蝼蛄分布几乎遍及全国，但以南方为多。华北蝼蛄分布于北方。蝼蛄食性很杂，主要以成虫、若虫为害植物幼苗的根部和靠近地面的幼茎。同时成虫、若虫常在表土层活动，钻筑坑道，造成播种苗根土分离，干枯死亡，清晨在苗圃床面上可见大量不规则隧道，虚土隆起。

2. 生活习性

华北蝼蛄 3 年完成 1 代，若虫达 13 龄，于 11 月上旬以成虫及若虫越冬。翌年，越冬成虫 3~4 月开始活动，6 月上旬开始产卵，6 月下旬至 7 月中旬为产卵盛期，8 月为产卵末期。卵多产在轻盐碱地，而黏土、壤土及重盐碱地较少。蝼蛄活动与土壤温湿度关系很大，土温 16~20℃，含水量在 22%~27% 为最适宜，所以春秋两季较活跃，雨后或灌溉后为害较重。土中大量施未腐熟的厩肥、堆肥，易导致蝼蛄发生。

3. 蝼蛄的防治措施

（1）减少产卵。施用厩肥、堆肥等有机肥料要充分腐熟，可减少蝼蛄的产卵。

（2）灯光诱杀。成虫在闷热天气、雨前的夜晚灯光诱杀非常有效，一般在晚上 7~10 时进行。

（3）鲜马粪或鲜草诱杀。在苗床的步道上每隔 20m 挖一小土坑，将马粪、鲜草放入坑内，清晨捕杀，或施药毒杀。

（4）毒饵诱杀。用 80% 敌敌畏乳油或 50% 辛硫磷乳油 0. 5kg 拌入 50kg 煮至半熟或炒香的饵料（麦麸、米糠等）中作毒饵，傍晚均匀撒于苗床上。但要注意防止畜、禽误食。

（5）灌药毒杀。在受害植株根际或苗床浇灌 50% 辛硫磷乳油 1 000倍液。

（二）蛴螬类——小青花金龟

1. 分布与为害

又名小青花潜，属于鞘翅目、金龟甲科，分布于东北、华北、中南和陕西、四川、云南、广州、台湾等地。主要寄主植物有月季、梅花、梨、美人蕉、大丽花、海棠、鸡冠花、桃等。主要以成虫为害多种植物的花蕾和花，严重为害时，常群集在花序上，将花瓣、雄蕊和雌蕊吃光。

2. 生活习性

1 年发生 1 代，以成虫或幼虫在土中越冬。4~5 月份成虫出土活动，成虫白天活动，主要取食花蕊和花瓣，尤其在晴天无风或气温较高的上午 10 时至下午 2 时，成虫取食飞翔最烈，同时也是交尾盛期。如遇风雨天气，则栖息在花中不大活动，日落后飞回土中潜伏，产卵。成虫喜欢在腐殖质多的土壤中和枯枝落叶层下产卵。6~7 月始见幼虫，8 月底绝迹。

3. 蛴螬类的防治措施

（1）消灭成虫。金龟子一般都有假死性，可于早晚气温不太高时振落捕杀；夜出性金龟子大多数都有趋光性，可设黑光灯诱杀；成虫发生盛期（应避开花期）可喷洒 40. 7% 毒死蜱乳油 1 000 ~ 2 000倍液。

（2）除治蛴螬。加强苗圃管理，圃地勿用未腐熟的有机肥或将杀虫剂与堆肥混合施用。冬季翻耕，将越冬虫体翻至土表冻死；可用 50% 辛硫磷颗粒剂 2~2. 5kg/亩处理土壤；苗木出土后，发现蛴螬为害根部，可用 50% 辛硫磷 1 000 ~ 1 500倍液、90% 敌百虫 1 000倍液浇灌植株。灌注效果与药量多少关系很大，如药液被表土吸收而达不到蛴螬活动处，效果就差；用食物拌和敌百虫，撒于苗旁或埋于苗旁进行诱杀。土壤含水量过大或被水久淹，蛴螬数量会下降，可于 11 月前后冬灌，或于 5 月上、中旬生长期间适时浇灌大水，均可减轻为害。

（三）金针虫类——沟金针虫

1. 分布与为害

金针虫又名铁丝虫、黄夹子虫，属鞘翅目、叩头甲科。金针虫是叩头甲类幼虫的统称，有多种，常在苗圃中咬食苗木的嫩茎、嫩根或种子。幼苗受害后逐渐枯死。为害花卉植物最常见的是沟金针虫。

2. 生活习性、形态

生活在土壤中，取食植物的根、块茎和播种在地里的种子。它们在土壤中的活动显然比蛴螬要灵活得多。一年中也随气温的变化，在土壤中做垂直迁移，所以为害主要在春、秋两季。

3. 金针虫的防治措施

（1）食物诱杀。利用金针虫喜食甘薯、马铃薯、萝卜等习性，在发生较多的地方，每隔一段挖一小坑，将上述食物切成细丝放入坑中，上面覆盖草屑，可以大量诱集，然后每日或隔日检查捕杀。

（2）翻耕土地。结合翻耕，检出成虫或幼虫。

（3）药物防治。用50%辛硫磷乳油1 000倍液喷浇苗间及根际附近的土壤。

（四）软体动物

1. 分布与为害

为害花卉植物的软体动物主要有蜗牛和蛞蝓。主要分布于温暖潮湿的地区，北方地区主要发生于温室大棚，为害兰花、红掌等花卉植物的根尖、嫩叶、新芽，将其啃食成不规则的洞或缺刻甚至咬断幼苗，啃食部位易感染细菌而致腐烂。

2. 形态与习性

蜗牛具有螺旋形贝壳，成虫的外螺壳呈扁球形，有多个螺层组成，壳质较硬，黄褐色或红褐色。头部发达，具2对触角，眼在后1对触角的顶端，口位于头部腹面。卵球形。幼虫与成虫相似，体形较小。蛞蝓不具贝壳，体长形柔软，暗灰色，有的为灰红色或黄白色。头部具2对触角，眼在后1对触角顶端，口在前方，口腔内有1对胶质的齿舌。幼体淡褐色，体形与成体相似。

蜗牛、蛞蝓喜欢生活在潮湿、阴暗且多腐殖质的地方，有夜出性，白天常潜伏在花盆底部的漏水孔、树皮块等疏松基质以及周围的潮湿环境中。

3. 防治措施

（1）人工捕捉。发生量较小时，可人工捡拾，集中杀灭，晚上消灭效果最好。小蜗牛常躲藏于栽培基质中，可先把整盆花卉浸泡于清水中一小段时间，促使蜗牛从盆内爬出，然后人工捕杀。

（2）菜叶诱杀法。采用幼嫩多汁的菜叶引诱其前来取食，从而集中杀灭。

（3）在兰花等花卉周围、台架及花盆上喷洒敌百虫、溴氰菊酯等农药，或撒生石灰及饱和食盐水。

（4）在兰花等花卉栽培场地周围，撒上宽80cm的生石灰薄层，阻止蜗牛通过。温室应注意通风透光，消除各种杂草与杂物。

（5）施药。撒施8%灭蜗灵颗粒剂或用蜗牛敌（10%多聚乙醛）颗粒剂；用蜗牛敌+豆饼+饴糖（1：10：3）制成的毒饵撒于花盆周围，诱杀蜗牛与蛞蝓；也可用敌百虫、溴氰菊酯1 500～2 000倍液喷洒植株周围；此外，注意室内清洁卫生，及时清除枯枝败叶，减少其生存空间。

思考题

1. 花卉植物叶部害虫、吸汁害虫、枝干害虫、地下害虫的为害特点是什么？

2. 如何开展花卉植物叶部害虫的综合治理工作？

3. 生产中常见地下害虫有几种，怎样综合治理？
4. 如何防治蚜虫，应注意哪些问题？
5. 防治介壳虫有哪些关键措施？
6. 怎样综合治理枝干害虫？

参 考 文 献

[1] 张东林. 初级、中级园林绿化与育苗工培训教程. 北京：中国林业出版社，2006.

[2] 刘承焕，王继煌. 园林植物病虫害防治技术. 北京：中国农业出版社，2011.

[3] 黄少彬. 园林植物病虫害防治. 北京：高等教育出版社，2006.

[4] 罗镪，齐伟. 花卉生产技术. 北京：高等教育出版社，2005.

[5] 曹春英. 花卉栽培. 北京：中国农业出版社，2005.

[6] 鲁涤非. 花卉学. 北京：中国农业出版社，2006.

[7] 陈发棣，郭维明. 观赏园艺学. 北京：中国农业出版社，2009.

[8] 北京林业大学园林学院花卉教研室. 花卉学. 北京：中国林业出版社，2009.

[9] 刘桂芹. 花卉生产技术石家庄：河北科学技术出版社，2011.

[10] 丁怀敏. 组合盆栽种植七要素. 中国花卉报，2012－04－28.